環境・都市システム系 教科書シリーズ 7

水 理 学

博士(工学) 日下部重幸
博士(工学) 檀　和秀　共著
博士(工学) 湯城豊勝

コロナ社

環境・都市システム系 教科書シリーズ編集委員会

編集委員長	澤　　　孝平（明石工業高等専門学校・工学博士）
幹　　　事	角田　　忍（明石工業高等専門学校・工学博士）
編 集 委 員	荻野　　弘（豊田工業高等専門学校・工学博士）
（五十音順）	奥村　充司（福井工業高等専門学校）
	川合　　茂（舞鶴工業高等専門学校・博士（工学））
	嵯峨　　晃（神戸市立工業高等専門学校）
	西澤　辰男（石川工業高等専門学校・工学博士）

（所属は編集当時のものによる）

刊行のことば

　工業高等専門学校（高専）や大学の土木工学科が名称を変更しはじめたのは1980年代半ばです。高専では1990年ごろ，当時の福井高専校長 丹羽義次先生を中心とした「高専の土木・建築工学教育方法改善プロジェクト」が，名称変更を含めた高専土木工学教育のあり方を精力的に検討されました。その中で「環境都市工学科」という名称が第一候補となり，多くの高専土木工学科がこの名称に変更しました。その他の学科名として，都市工学科，建設工学科，都市システム工学科，建設システム工学科などを採用した高専もあります。

　名称変更に伴い，カリキュラムも大幅に改変されました。環境工学分野の充実，CADを中心としたコンピュータ教育の拡充，防災や景観あるいは計画分野の改編・導入が実施された反面，設計製図や実習の一部が削除されました。

　また，ほぼ時期を同じくして専攻科が設置されてきました。高専～専攻科という7年連続教育のなかで，日本技術者教育認定制度（JABEE）への対応も含めて，専門教育のあり方が模索されています。

　土木工学教育のこのような変動に対応して教育方法や教育内容も確実に変化してきており，これらの変化に適応した新しい教科書シリーズを統一した思想のもとに編集するため，このたびの「環境・都市システム系教科書シリーズ」が誕生しました。このシリーズでは，以下の編集方針のもと，新しい土木系工学教育に適合した教科書をつくることに主眼を置いています。

（1）　図表や例題を多く使い基礎的事項を中心に解説するとともに，それらの応用分野も含めてわかりやすく記述する。すなわち，ごく初歩的事項から始め，高度な専門技術を体系的に理解させる。

（2）　シリーズを通じて内容の重複を避け，効率的な編集を行う。

（3）　高専の第一線の教育現場で活躍されている中堅の教官を執筆者とす

る。

　本シリーズは，高専学生はもとより多様な学生が在籍する大学・短大・専門学校にも有用と確信しており，土木系の専門教育を志す方々に広く活用していただければ幸いです。

　最後に執筆を快く引き受けていただきました執筆者各位と本シリーズの企画・編集・出版に献身的なお世話をいただいた編集委員各位ならびにコロナ社に衷心よりお礼申し上げます。

2001年1月

編集委員長　澤　　孝　平

まえがき

　水理学は，構造力学，地盤工学などとともに，環境・都市システム・建設工学系の主要な力学体系の一角をなしている。また，水理学は河川・港湾・上下水道・水文・砂防など従来から取り扱われてきた問題はもちろん，近年重要視されてきている水域環境問題などを学ぶうえで，欠かすことのできない基礎的で重要な事項を多く含んでいる。

　本書の執筆にあたっては，できるだけ説明が飛躍しないよう，丁寧に書くことを心がけた。特に基礎的な部分の説明に力を入れて書いてあり，その意味で水理学の入門書といえる。しかし，水理学の考え方として必要と思われることは，できるだけ省略せずに多く取り入れ，より高度な理論の学習や発展性にも耐えうるように編集したつもりである。

　その意味で，高専・大学の教科書として，また，現場技術者の参考書として活用していただけるものと考えている。

　本書の執筆担当者は，以下のとおりである。

　1章，2章，5章：日下部
　3章，6章　　　：湯城
　4章，7章　　　：檀

　執筆担当者一同，各章とも熱心に取り組んだつもりであるが，浅学非才のため，目標どおりの記述ができたかどうかは不明である。執筆担当者としては，本書が，水理学を学ぶ方々の一助になればと願うものである。

　内容全般について貴重な意見をいただいた編集委員の川合 茂 教授，ならびに編集について種々ご配慮をいただいたコロナ社に厚く謝意を表します。

2002年2月

著　者

目　　　　次

1. 　　水の性質と単位

1.1　　単 位 と 次 元 ……………………………………………………………*1*
1.2　　水の物理的性質 ………………………………………………………*3*
　1.2.1　水の密度と重量 …………………………………………………*3*
　1.2.2　水の表面張力と毛管現象 ………………………………………*4*
　1.2.3　水 の 粘 性 ………………………………………………………*6*
1.3　　相　　似　　則 ………………………………………………………*8*
演 習 問 題 ………………………………………………………………………*10*

2. 　　静水の力学

2.1　　静　　水　　圧 ………………………………………………………*12*
　2.1.1　静水圧の表し方 …………………………………………………*12*
　2.1.2　静水圧の強さ ……………………………………………………*13*
　2.1.3　静水圧の作用する方向 …………………………………………*14*
　2.1.4　水　　圧　　計 …………………………………………………*15*
　2.1.5　水　　圧　　機 …………………………………………………*17*
2.2　　平面に作用する静水圧 ………………………………………………*18*
　2.2.1　水平な平面に作用する静水圧 …………………………………*18*
　2.2.2　鉛直な平面に作用する静水圧 …………………………………*19*
　2.2.3　傾斜した平面に作用する静水圧 ………………………………*21*
2.3　　曲面に作用する静水圧 ………………………………………………*23*
　2.3.1　曲面に作用する鉛直方向の静水圧 ……………………………*24*
　2.3.2　曲面に作用する水平方向の静水圧 ……………………………*25*

2.4 浮力と浮体の安定 …………………………………………… 27
　2.4.1 浮　　　　力 …………………………………………… 27
　2.4.2 浮 体 の 安 定 …………………………………………… 28
2.5 相対的静止の水面 …………………………………………… 32
　2.5.1 水が直線運動をする場合 ……………………………… 32
　2.5.2 水が回転運動をする場合 ……………………………… 33
演 習 問 題 ………………………………………………………… 35

3. 流れの基礎理論

3.1 流体，流速と流量 …………………………………………… 37
3.2 流 れ の 分 類 ………………………………………………… 38
3.3 流 れ の 連 続 性 ……………………………………………… 40
　3.3.1 流線・流管・流跡線 …………………………………… 40
　3.3.2 連 続 の 式 ……………………………………………… 41
3.4 ベルヌーイの定理 …………………………………………… 43
　3.4.1 流体のエネルギー ……………………………………… 43
　3.4.2 ベルヌーイの定理 ……………………………………… 43
3.5 ベルヌーイの定理の応用 …………………………………… 47
　3.5.1 ピ ト ー 管 ……………………………………………… 47
　3.5.2 ベンチュリメーター …………………………………… 48
3.6 運 動 量 方 程 式 ……………………………………………… 50
3.7 運動量方程式の応用 ………………………………………… 55
演 習 問 題 ………………………………………………………… 58

4. オリフィス，水門および堰

4.1 オ リ フ ィ ス ………………………………………………… 60
　4.1.1 小形オリフィス ………………………………………… 60
　4.1.2 大形オリフィス ………………………………………… 62
　4.1.3 潜りオリフィス ………………………………………… 65

4.2　オリフィスによる排水時間 …………………………………… 67
4.3　水　　　　門 …………………………………………………… 69
4.4　　　　　堰 ……………………………………………………… 70
　4.4.1　四　角　堰 ………………………………………………… 71
　4.4.2　全　幅　堰 ………………………………………………… 72
　4.4.3　三　角　堰 ………………………………………………… 72
　4.4.4　台　形　堰 ………………………………………………… 73
　4.4.5　広　頂　堰 ………………………………………………… 73
　4.4.6　潜　り　堰 ………………………………………………… 74
　4.4.7　ベンチュリフルーム ……………………………………… 75
演　習　問　題 ………………………………………………………… 77

5.　管水路の流れ

5.1　管水路の流速分布 ……………………………………………… 79
　5.1.1　壁面の摩擦力 ……………………………………………… 79
　5.1.2　層流の流速分布 …………………………………………… 80
　5.1.3　乱流の流速分布 …………………………………………… 81
5.2　管水路の摩擦損失水頭 ………………………………………… 86
5.3　管水路の平均流速公式 ………………………………………… 89
　5.3.1　シェジーの公式 …………………………………………… 90
　5.3.2　ガンギレー-クッターの公式 …………………………… 90
　5.3.3　マニングの公式 …………………………………………… 91
　5.3.4　ヘーゼン-ウィリアムスの公式 ………………………… 91
5.4　摩擦以外の形状損失水頭 ……………………………………… 92
　5.4.1　流入による損失水頭 ……………………………………… 93
　5.4.2　断面変化による損失水頭 ………………………………… 93
　5.4.3　曲がりによる損失水頭 …………………………………… 95
　5.4.4　弁類などによる損失水頭 ………………………………… 96
　5.4.5　流出による損失水頭 ……………………………………… 97
5.5　単　線　管　水　路 …………………………………………… 97

viii 目　　次

 5.5.1　エネルギー線と動水勾配線 …………………………………… 97
 5.5.2　水位差，流量および管径の計算 ………………………………… 100
5.6　サイフォン ……………………………………………………………… 101
5.7　分流および合流管路 …………………………………………………… 103
5.8　管　　網 ………………………………………………………………… 106
5.9　ポンプと水車 …………………………………………………………… 109
 5.9.1　ポ ン プ …………………………………………………………… 109
 5.9.2　水　　車 ………………………………………………………… 110
演 習 問 題 …………………………………………………………………… 113

6.　開水路の流れ

6.1　開水路定常流の基礎式 ………………………………………………… 115
6.2　常流と射流 ……………………………………………………………… 116
 6.2.1　限界流・フルード数 …………………………………………… 116
 6.2.2　流積が場所的に変化する水路の流れ ………………………… 120
 6.2.3　跳　　水 ………………………………………………………… 122
6.3　開水路の等流 …………………………………………………………… 123
 6.3.1　平均流速公式 …………………………………………………… 124
 6.3.2　等流の計算 ……………………………………………………… 127
6.4　開水路の不等流 ………………………………………………………… 129
 6.4.1　一様断面水路の不等流 ………………………………………… 129
 6.4.2　不等流の水面形状の分類 ……………………………………… 131
 6.4.3　勾配変化部の水面形 …………………………………………… 133
6.5　不等流の水面形計算法 ………………………………………………… 134
6.6　開水路の非定常流 ……………………………………………………… 136
演 習 問 題 …………………………………………………………………… 138

7.　流体力学の基礎方程式

7.1　流体力学における未知量 ……………………………………………… 140

- 7.2　連続の式 …………………………………………………………… 141
- 7.3　非粘性流体の運動方程式 ………………………………………… 142
  - 7.3.1　加速度 ……………………………………………………… 143
  - 7.3.2　運動方程式 ………………………………………………… 144
- 7.4　流体の変形と回転 ………………………………………………… 146
  - 7.4.1　伸縮 …………………………………………………………… 147
  - 7.4.2　流体のずれ ………………………………………………… 148
  - 7.4.3　流体要素の回転 …………………………………………… 149
- 7.5　渦と循環 …………………………………………………………… 150
  - 7.5.1　渦 ……………………………………………………………… 150
  - 7.5.2　循環 …………………………………………………………… 151
- 7.6　渦なし流れ ………………………………………………………… 153
  - 7.6.1　速度ポテンシャル ………………………………………… 153
  - 7.6.2　流れ関数 …………………………………………………… 154
  - 7.6.3　ポテンシャル流れ ………………………………………… 156
- 7.7　粘性流体の運動方程式 …………………………………………… 161
  - 7.7.1　応力と変形速度 …………………………………………… 161
  - 7.7.2　流体要素に働く応力 ……………………………………… 162
  - 7.7.3　流体要素に働く力 ………………………………………… 163
  - 7.7.4　流体要素の変形 …………………………………………… 163
  - 7.7.5　流体要素に働く粘性力 …………………………………… 163
  - 7.7.6　ナビエ-ストークスの方程式 …………………………… 164
- 7.8　レイノルズの方程式 ……………………………………………… 165
  - 7.8.1　乱れ …………………………………………………………… 165
  - 7.8.2　レイノルズ応力 …………………………………………… 165
  - 7.8.3　レイノルズの方程式 ……………………………………… 166
- 7.9　エネルギーの式 …………………………………………………… 167
  - 7.9.1　ベルヌーイの定理 ………………………………………… 167
  - 7.9.2　粘性によるエネルギー散逸（消散） …………………… 171
  - 7.9.3　エネルギー損失を考慮したベルヌーイの定理 ……… 174

演習問題 ………………………………………… *174*

引用・参考文献 ………………………………………… *176*

演習問題解答 ………………………………………… *177*

索　　　引 ………………………………………… *185*

1

水の性質と単位

　水は，われわれの生活に欠かせないもので，その性質も，じつにさまざまな面をもっている。ここでは，水理学を学ぶうえで重要と思われる水の性質と，それを表す単位と次元および相似則について説明する。

1.1 単 位 と 次 元

　水理学では，長さ，質量，時間，速度，力，エネルギーなど種々の物理量を取り扱う必要がある。
　これらの基準となる量を**単位**（unit）といい，これには**国際単位系**（SI）が用いられる。SI では，長さ，質量，時間などを基準量と呼び，〔m〕（メートル），〔kg〕（キログラム），〔s〕（秒）のような**基本単位**（basic unit）で表す。そして，これらを組み合わせて表せる速度や力などの組立量を**組立単位**（derived unit）という。例えば長さを〔L〕，質量を〔M〕，時間を〔T〕で表せば，密度は〔質量〕÷〔体積〕＝〔ML^{-3}〕となり，単位は〔kg/m³〕，〔g/cm³〕など，速度は〔距離〕÷〔時間〕＝〔LT^{-1}〕となり，単位は〔m/s〕，〔cm/s〕などとなる。
　このように，基本単位を定めることによって他の単位は基本単位のべき数の形〔$L^x M^y T^z$〕として組立単位で表すことができる。組立単位をべき数で表したものを**次元**（dimension）という。単位のない物理量は**無次元量**（nondimension）と呼ばれ，レイノルズ数やフルード数などがこれにあたる。
　力の単位は〔N〕（ニュートン）で表され，質量 1 kg の物体に作用して 1

m/s² の加速度を生じさせる力を 1 N としているので

$$1\,\text{N} = 1\,\text{kg} \times 1\,\text{m/s}^2 = 1\,\text{kg}\cdot\text{m/s}^2$$

である。

きわめて小さい量や大きい量を表すためには，**表 1.1** に示す SI 接頭語を単位記号の前に付記し，$10^6\,\text{kg} = 1\,\text{Gg}$，$10^{-6}\,\text{kg} = 1\,\text{mg}$ のように表す。

表 1.1 SI 接頭語

単位に乗ぜられる倍数	接頭語の名称	接頭語の記号	単位に乗ぜられる倍数	接頭語の名称	接頭語の記号
10^{18}	エクサ	E	10^{-1}	デシ	d
10^{15}	ペタ	P	10^{-2}	センチ	c
10^{12}	テラ	T	10^{-3}	ミリ	m
10^{9}	ギガ	G	10^{-6}	マイクロ	μ
10^{6}	メガ	M	10^{-9}	ナノ	n
10^{3}	キロ	k	10^{-12}	ピコ	p
10^{2}	ヘクト	h	10^{-15}	フェムト	f
10	デカ	da	10^{-18}	アト	a

力と質量の関係は，**ニュートンの運動の第二法則**（Newton's second law of motion）から，式（1.1）で表される。

$$F = ma \qquad (1.1)$$

ここに，F：力，m：質量，a：加速度である。

重量（weight）W は，**質量**（mass）m に**重力の加速度**（acceleration of gravity）g が作用したもので，式（1.1）と同様に

$$W = mg \qquad (1.2)$$

で表される。一般に重力の加速度は地上で 9.8 m/s² として扱えるので，質量 1 kg の水は地上で

$$W = 1\,\text{kg} \times 9.8\,\text{m/s}^2 = 9.8\,\text{kg}\cdot\text{m/s}^2 = 9.8\,\text{N}$$

と表すことができる。

水は一定の形をもたないので，単位体積当りの質量または重量で表すことが多い。特に単位体積当りの質量を**密度**（density）ρ（ロー）〔kg/m³〕といい，この密度に重力の加速度 g が作用したものを**単位体積重量**または**単位重量**（unit weight）w という。これらの関係は

$$w = \rho g \tag{1.3}$$

と表すことができ，その次元は〔$ML^{-2}T^{-2}$〕で単位は〔N/m^3〕が用いられる．本書では，水の単位重量を ρg で表すこととする．

質量 m は，密度 ρ に体積 V を掛けたもので ρV と書ける．また，体積 V の水の重量 W は，先の式 (1.2)，(1.3) から $W = mg = \rho V g = \rho g V$ と表せる．

$$W = \rho g V \tag{1.4}$$

すなわち，水の重量 W は，水の単位重量 ρg に体積 V を掛けたものといえる．

1.2 水の物理的性質

1.2.1 水の密度と重量

水の密度は，**表 1.2** のように温度によって若干変化するが，通常の水理学の計算ではその変化が無視できる程度なので水の密度は $\rho = 1\,000\,kg/m^3$ としてよく，水の単位重量は

$$\rho g = 1\,000\,kg/m^3 \times 9.8\,m/s^2 = 9\,800\,N/m^3 = 9.8\,kN/m^3$$

と表すことができる．これらを図に示すと **図 1.1** のようになる[†]．海水の密度は，含まれる塩分などの濃度によって異なるが，およそ $1\,010 \sim 1\,030\,kg/m^3$ であり，海水の単位重量はおよそ $9.9 \sim 10.1\,kN/m^3$ である．

また，**比重**（specific gravity）は，ある物質の重量と同体積の水（4℃）の重量との比であり，単位のない数値で表される．

[†] わが国で古くから使われてきた工学単位では，長さと時間は SI 単位と同じ〔m〕（メートル）と〔s〕（秒）であるが，力の単位として物体に働く重力，すなわち（質量）×（重力の加速度）を用い，単位として〔kgf〕（キログラム重）などと表していた．工学単位と SI 単位の関係は

$$1\,kgf = 1\,kg \times 9.8\,m/s^2 = 9.8\,kgm/s^2 = 9.8\,N$$

である．
図 1.1 の（ ）内には工学単位で表した水の単位重量 w を示した．

4   1. 水の性質と単位

表1.2 液体の密度

温度 〔℃〕	水の密度 〔kg/m³〕	水銀の密度 〔kg/m³〕
0	999.84	13 595.1
4	999.97	13 585.2
10	999.70	13 570.5
15	999.10	13 558.2
20	998.20	13 545.9
50	988.04	13 472.6

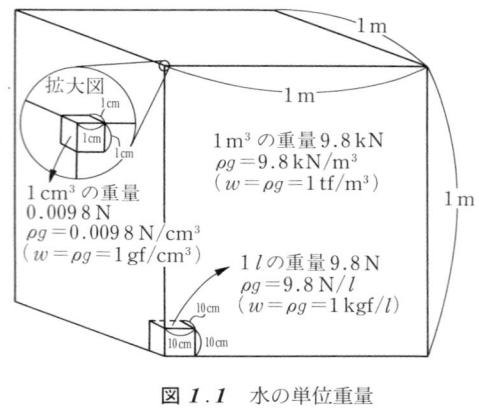

図1.1 水の単位重量

例題1.1　10℃のとき60 m³であった水は，50℃になると何 m³になるか。

【解答】　10℃および50℃のときの容積 V，密度 ρ に添字10および50を付けて表す。

温度が変化しても重量は変わらないので

$$\rho_{50}\, g \times V_{50} = \rho_{10}\, g \times 60$$

$$V_{50} = \frac{\rho_{10}\, g}{\rho_{50}\, g} \times 60 = \frac{999.70}{988.04} \times 60 = 60.7\ \mathrm{m^3}$$

となる。　　　　　　　　　　　　　　　　　　　　　　　　　　　◇

1.2.2　水の表面張力と毛管現象

液体は分子間引力による凝集力をもっており，液体表面では収縮しようとする力が働く。この力を**表面張力**(surface tension)と呼び，**図1.2**に示すように単位長さ当りに働く力〔N/m〕で表す。水の表面張力の値は，**表1.3**のように温度の上昇に伴って若干減少する。

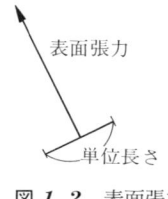

図1.2 表面張力

表1.3 表面張力 T の値

温度〔℃〕	0	10	15	20
表面張力 〔N/m〕	0.075 62	0.074 20	0.073 48	0.072 75

水滴が植物の葉の上で球状を保てるのは，表面張力の作用によるもので，水滴内の圧力は大気圧より高くなっている．**図1.3**のように，球状の水滴を半分に分割し，直径Dの半球に働く力のつりあいを考えると，内部圧力pによって右方へ押す力$p(\pi D^2/4)$，と表面張力Tによって左方へ引っ張る力$T\pi D$とは相等しいから

$$p\frac{\pi D^2}{4} = T\pi D$$

$$p = \frac{4T}{D} \tag{1.5}$$

と表すことができる．

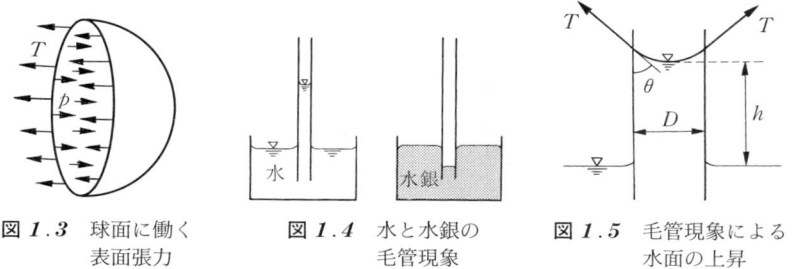

図1.3 球面に働く表面張力

図1.4 水と水銀の毛管現象

図1.5 毛管現象による水面の上昇

液体分子と固体分子との間には**付着力**(adhesive force)が作用する．表面張力と付着力のため，液体に管を入れると，**図1.4**のように，管内の液面が上昇または下降する．この現象は**毛管現象**(capillarity)と呼ばれ，**図1.5**に示すような力のつりあいにより，液面の上昇または下降高さhは，式(1.6)で示される．

$$\rho g \frac{\pi D^2}{4} h = \pi D T \cos\theta$$

$$h = \frac{4T\cos\theta}{\rho g D} \tag{1.6}$$

ここに，T：表面張力，ρ：液体の密度，g：重力の加速度，D：管の内径，ρg：液体の単位重量，θ：接触角である．

接触角は，物質によって異なるが，おもなものをあげると，**表1.4**のよう

表 1.4 接 触 角

接触物質	接触角
水とガラス	8～9°
水とよく磨いたガラス	0°
水と滑らかな鉄	約 5°
水銀とガラス	約 140°

である。水とガラスでは接触角が小さいため，管内の水は上方に引き上げられる。しかし，水銀とガラスは接触角が90°以上となり，管内の水銀面は下方に引き下げられる。

例題 1.2 15°Cの水によく磨いたガラス管を立てると，管内の水面が0.7 cm 上昇した。ガラス管の内径はいくらか。

【解答】 式 (1.6) を変形して求める。
$$D = \frac{4T\cos\theta}{\rho g h} = \frac{4 \times 0.07348 \times 1}{9800 \times 0.007} = 0.0043 \text{ m} = 4.3 \text{ mm} \quad \diamondsuit$$

1.2.3 水 の 粘 性

液体はなんの抵抗もなく自由に形を変えることができる。しかし，ある程度速く形を変えようとすると，液体の**粘性**（viscosity）による抵抗力が現れる。

開水路を流れる水の横断面内の流速分布を見ても，**図 1.6** のように壁面に近いほど流速は遅くなっている。これは壁面に沿って摩擦抵抗（せん断応力）が生じ，水の粘性によって抵抗力が流れの中心方向に順次伝えられるためである。

遅い流れを縦断方向に見ると，**図 1.7** のように底面から離れるに従って流

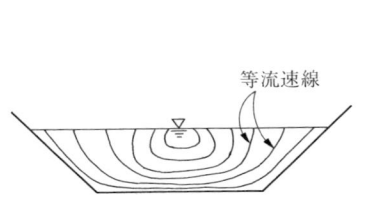

図 1.6 横断面内の流速分布

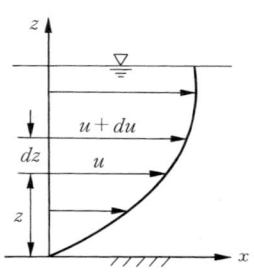

図 1.7 鉛直方向の流速分布

速は大きくなる。底面から z の距離の流速を u，さらに dz だけ離れた点の流速を $u + du$ とすると，dz 間に働くせん断応力 τ は，式 (1.7) で表される。

$$\tau = \mu \frac{du}{dz} \tag{1.7}$$

式 (1.7) は**ニュートンの粘性法則**（Newton's law of viscosity）と呼ばれる。μ は**粘性係数**（coefficient of viscosity）と呼ばれ，単位は〔kg/(m・s)〕または〔Pa・s〕である。粘性係数は複雑な単位となるので，これを式 (1.8) のように密度で割って，**動粘性係数**（coefficient of kinematic viscosity）ν で表すことが多い。動粘性係数の単位は〔m²/s〕で，この単位を**ストークス**（stokes）と呼ぶこともある。

$$\nu = \frac{\mu}{\rho} \tag{1.8}$$

水の粘性係数および動粘性係数の値は，温度によって**表 1.5** のように変化する。

表 1.5　水の粘性係数および動粘性係数

温度〔℃〕	0	5	10	15	20	25	30	40	50
粘性係数〔10^{-3} kg/(m・s)〕	1.792	1.520	1.307	1.138	1.002	0.890	0.797	0.653	0.548
動粘性係数〔10^{-6} m²/s〕	1.792	1.520	1.307	1.139	1.004	0.893	0.801	0.658	0.554

例題 1.3　図 1.8 のように，面積 $1.5\,\text{m}^2$ の平板を深さ 4 mm，水温 15 ℃ の水面に接して，50 cm/s の速さで水平に動かした。平板に作用する水の粘性による抵抗力を求めよ。

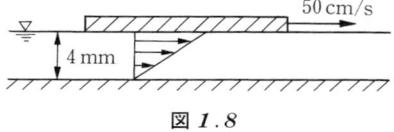

図 1.8

【**解答**】　式 (1.7) において

$du = 0.5\,\text{m/s}, \quad dz = 0.004\,\text{m}, \quad \mu = 1.138 \times 10^{-3}\,\text{kg/(m・s)}$

とおけるので，平板の単位面積に働く力はつぎのようになる。

$$\tau = 1.138 \times 10^{-3} \times \frac{0.5}{0.004} = 0.142\,3\,\mathrm{kg/(m \cdot s^2)}$$

よって，全平板に働く力は

$$P = 0.142\,3 \times 1.5 = 0.213\,4\,\mathrm{N}$$

となる。   ◇

1.3 相 似 則

水工学の分野では，河川や海岸など規模の大きな自然地形を扱うことが多く，その解析に水理模型実験がよく用いられる。模型実験は，現地の現象（模型に対して原型という）を縮小して模型で再現し，水の流れや水圧などの現地で知りたい値を模型実験による測定値から推定しようとするものである。

模型と原型の間には，幾何学的な相似とともに力学的な相似も保たれていなければならない。この力学的な相似は，**相似則**（law of similarity）と呼ばれるが，これを保つためには模型と原型で各種の無次元量を一致させる必要がある。

水理学で扱う力 F は，一般に圧力，粘性力，重力，表面張力，弾性力などである。そこで，式（1.1）を変形すると

$$1 = \frac{圧力 + 粘性力 + 重力 + 表面張力 + 弾性力}{ma} \qquad (1.9)$$

と表せる。右辺の分母 ma は慣性力を示しており，右辺の各項は当然無次元である。実験を行う場合には，右辺の各項を模型と原型で一致させればよい。しかし，模型と原型で使用する水や重力の加速度が同じであるため，複数の無次元量を同時に合わせることは困難である。そこで，取り扱う水理現象によって特定の無次元量を合わせる方法がとられている。例えば，自由水面を有する流れなどのように重力の影響が支配的であるときは，**フルード数**（Froude number）F_r を模型と原型で一致させる。また，管水路や物体周りの流れなどのように水の粘性力が支配的であるときは，**レイノルズ数**（Reynolds number）R_e を模型と原型で一致させる。

フルード数やレイノルズ数については，**3**章に詳述されているが，フルード数F_rは，慣性力maと重力mgの比として，式（1.10）のように表される。

$$\frac{ma}{mg} = \frac{\rho L^3 L T^{-2}}{\rho L^3 g} = \frac{\rho L^2 L^2 T^{-2}}{\rho L^3 g} = \frac{\rho L^2 V^2}{\rho L^3 g} = \frac{V^2}{Lg}, \quad \frac{V}{\sqrt{gL}} = F_r$$
(1.10)

ここに，ρ：密度，V：流速，L：代表的な長さ，T：時間，g：重力の加速度である。また，レイノルズ数R_eは，慣性力maと粘性力τAの比として，式（1.7）より式（1.11）のように表される。

$$\frac{ma}{\tau A} = \frac{\rho L^2 V^2}{\mu (du/dz) A} = \frac{\rho L^2 V^2}{\mu (V/L) L^2} = \frac{\rho V L}{\mu} = \frac{VL}{\nu} = R_e \quad (1.11)$$

ここに，τ：せん断応力，A：面積，μ：粘性係数，ν：動粘性係数である。

コーヒーブレイク

水の惑星，地球

地球上にある水の総量は，約14億km^3である。その構成割合を図に示す。

地球上の水のほとんどは海水で，約97.5％を占める。残り約2.5％の内訳は，氷約1.75％，地下水0.72％，湖水約0.009％，河川水約0.0001％，水蒸気約0.001％，生物（動植物中）約0.0001％などとなっている。

われわれが最も使いやすい水は，地下水や湖・河川の水であるが，これらは地球上の水のわずか0.7％強にすぎない

地球上の水も無尽蔵ではない。汚さないよう大切に使いたいものである。

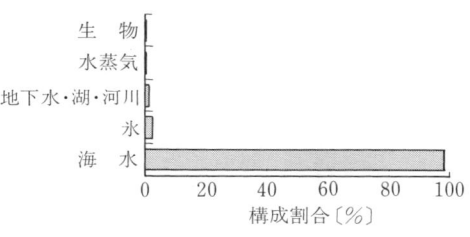

図　地球上の水の構成

例題 1.4 縮尺 1/100 のダムの模型を作成し、実験の結果 0.5 m/s の流速が得られた。原型ではいくらの流速と考えればよいか。

【解答】 ダムを越える流れなどは、フルード数を一致させているので、模型と原型にそれぞれ添字 m と p を付けて

$$F_r = \frac{v_m}{\sqrt{gh_m}} = \frac{v_p}{\sqrt{gh_p}}$$

$$v_p = \frac{\sqrt{gh_p}}{\sqrt{gh_m}} v_m = \sqrt{\frac{h_p}{h_m}} v_m = \sqrt{100} \times 0.5 = 5 \,[\text{m/s}]$$

となり、流速については、原型と模型の比が 100 倍ではなく 10 倍となる。　◇

演 習 問 題

【1】 海水 2 l の質量を量ると、2.056 kg であった。この海水の単位重量 ρg、比重 γ および密度 ρ を求めよ。

【2】 内径 4 mm のガラス管を静水中に立てたとき、毛管現象により水が上昇する高さ h を求めよ。ただし、水温は 15℃、水とガラス管の接触角は 8° とする。

【3】 問図 1.1 のように、2 枚の平行なガラス板を静水中に立てたとき、ガラス板間の水面が上昇する高さ h を表す式を導け。ただし、ガラス板間の微小距離 a、ガラスと水の接触角 θ、表面張力 T、水の単位重量 ρg とし、ガラス板の幅は十分広いものとして、式の誘導では単位幅を考えよ。

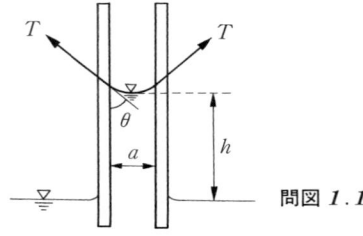

問図 1.1

【4】 問図 1.2 のように，勾配 θ の斜面上に微小厚 a の油が塗られている。斜面上に置かれた重さ W，底面積 A の物体が滑り落ちる速度 V を求めよ。ただし，油の粘性係数 μ，V は最終速度（定常状態）とし，滑り落ちるときの抵抗は油の粘性のみによるものとする。

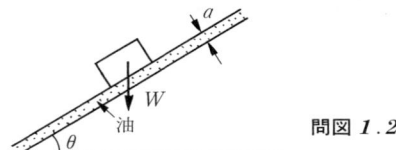

問図 1.2

【5】 縮尺 1/25 の河川の模型がある。実際の流量が 60 m³/s であるとき，模型の流量をいくらにすればよいか。

2

静水の力学

　貯水池やダムに貯められた水は，静水と呼ばれ，おもに水圧が問題となる。また，海水や湖水も波を考えなければ静水として扱うことができる。静水の特徴は面に対して垂直な圧力だけが働くことであるが，水工構造物の設計上重要な考え方となるパスカルの原理やアルキメデスの原理などもこの章で説明する。

2.1 静　水　圧

2.1.1 静水圧の表し方

　静水圧（hydraulic pressure，単に**水圧**ともいう）は，一般に単位面積に作用する力の大きさで表し記号 p を用いる。また，水圧の単位としては図 2.1 に示すように〔Pa〕，〔kPa〕などが用いられる。水圧がある面に作用した場合，面積全体についての力を考えることがあり，この力を**全水圧**（total pressure）といい，P で表す。全水圧の単位は〔N〕，〔kN〕など力の単位を用いる。図 2.2 のように，面積 A の平面に水圧 p が一様に作用している場合，

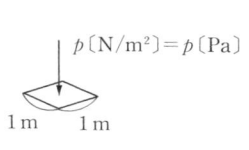

図 2.1　水　圧

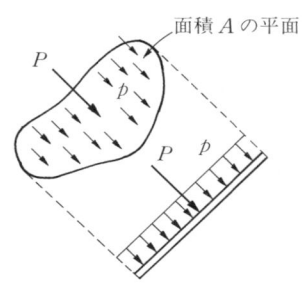

図 2.2　水圧と全水圧

全水圧 P との関係は式（2.1）のようになる。

$$P = pA \tag{2.1}$$

地上で圧力を測定すると，つねに大気圧が加わっているので，圧力を表示する場合に大気圧を基準として表した圧力を**ゲージ圧**（gauge pressure）という。これに対し，真空を基準として表した圧力を**絶対圧**（absolute pressure）という。ゲージ圧 p と絶対圧 p' との関係は，**図2.3**のように大気圧を p_0 として式（2.2）で表される。

$$p = p' - p_0 \tag{2.2}$$

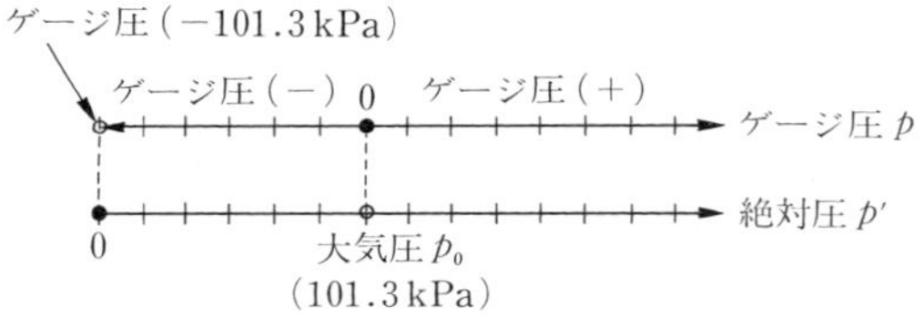

図2.3 ゲージ圧 p と絶対圧 p'

一般に圧力といえばゲージ圧を指すのが普通であり，本書でも特に断らないかぎり圧力はゲージ圧で表している。大気圧 p_0 は1気圧とも呼ばれ，101.3 kPa で水銀柱 760 mm，水柱 10.33 m に相当する。

例題2.1 絶対圧が 500 kPa の圧力は，ゲージ圧で何 kPa と表せるか。

【解答】 ゲージ圧 p は，絶対圧 p' から大気圧 p_0 を差し引いたものであるから，$p = 500 - 101.3 = 398.7$ kPa となる。 ◇

2.1.2 静水圧の強さ

図2.4に示すような水槽の中に，底面積 A，水面から底面までの深さ h の仮想水柱を想定し，底面に作用する水圧 P を考える。P は，水柱の重量 W に等しいので，**1**章の式（1.4）より水の単位重量 ρg を用いて，式（2.3）のように書ける。

$$P = W = \rho g h A \tag{2.3}$$

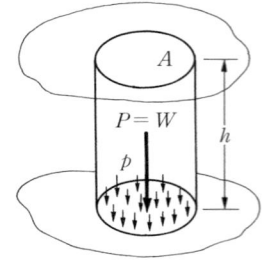

図 2.4 水圧 P と水圧の強さ p

一方，底面の単位面積に作用する水圧の強さ p は，式（2.1）を用いて

$$p = \frac{P}{A} = \frac{\rho g h A}{A} = \rho g h \tag{2.4}$$

と表せる。すなわち，静水圧の強さ（静水圧または水圧ともいう）は，水深に比例して大きくなることがわかる。

式（2.4）を変形して

$$h = \frac{p}{\rho g} \tag{2.5}$$

とすると，h は圧力 p を生じるのに要する水深を意味することになる。このように，圧力を水の単位重量で割ったものを**水頭**（head）という。水頭は圧力を高さで表すもので，次元は〔L〕となり，一般に使われる単位は〔m〕である。

例題 2.2 水深15 mの位置での水圧は，ゲージ圧〔Pa〕および水頭〔m〕でそれぞれいくらか。

【解答】 ゲージ圧は，式（2.4）より $p = 9\,800\text{ N/m}^3 \times 15\text{ m} = 147\,000\text{ N/m}^2 = 147\text{ kPa}$ となり，水頭で表すと $h = p \div (\rho g) = 14\,700\text{ N/m}^2 \div 9\,800\text{ N/m}^3 = 15\text{ m}$ となる。　　◇

2.1.3 静水圧の作用する方向

静水中では，内部に相対速度（速度のずれ）がなく，せん断応力は発生しないので静水圧は固体面に対して直角に作用する。

図 2.5 のように，水中に微小面積 ΔA の四辺形 ABCD を含む三角柱を考える。面 ABCD，AEFD および BCFE に作用する水圧をそれぞれ p，p_x および p_z として，x 軸（水平）方向の全水圧のつりあいを考えると

$$p \sin \theta \times \Delta A = p_x \times \square\text{AEFD}$$

となり，$\square\text{AEFD} = \Delta A \sin \theta$ であるから

$$p = p_x$$

となる。z 軸（鉛直）方向についても全水圧のつりあいを考えると

$$p \cos \theta \times \Delta A + （三角柱の重さ）= p_z \times \square\text{BCFE}$$

となり，$\square\text{BCFE} = \Delta A \cos \theta$ であるから

$$p \cos \theta \times \Delta A + （三角柱の重さ）= p_z \times \Delta A \cos \theta$$

となる。三角柱を限りなく小さくすると，その重さは無視できるので $\Delta A \cos \theta$ で割って $p = p_z$ と表せる。ゆえに

$$p = p_x = p_z \tag{2.6}$$

となる。面 ABCD の傾き θ は任意であるから，静水中の一点に作用する水圧は，すべての方向に一様であるといえる。

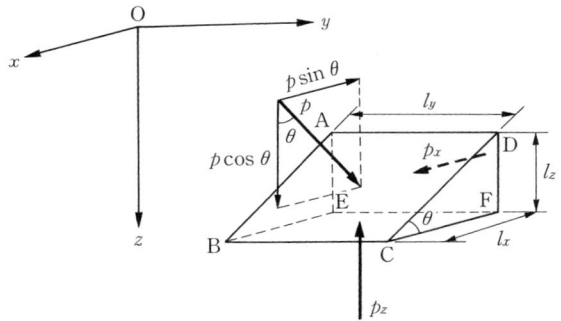

図 2.5　微小三角柱に作用する水圧

2.1.4 水圧計

水圧は水深に比例するから，水圧を測りたい箇所に小孔を開け，透明な細管を付けて細管内を上昇する水柱の高さを測ると，式（2.4）から水圧を知ることができる。

図 2.6(a)のような細管を**マノメーター**(manometer)または**ピエゾメーター**(piezometer)といい，液柱の高さで圧力を測定するものである。

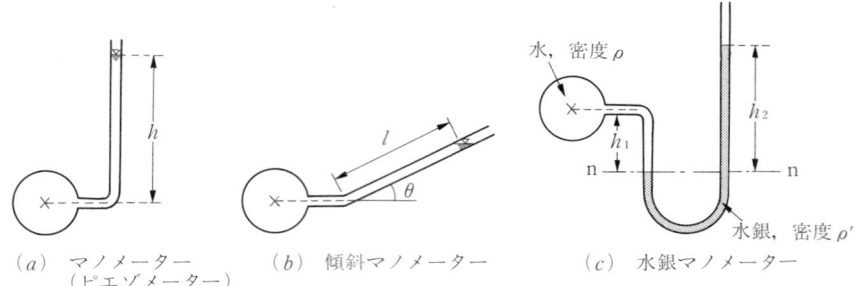

(a) マノメーター　　(b) 傾斜マノメーター　　(c) 水銀マノメーター
　　(ピエゾメーター)

図 2.6　水　圧　計

圧力が小さいときは，図(b)のように細管を傾けて傾斜マノメーターとすると，液柱を拡大することができ，圧力を式(2.7)から求めることができる。

$$p = \rho g l \sin \theta \tag{2.7}$$

圧力が大きいときは，液柱が高くなりすぎるので，図(c)のように水銀を入れた水銀マノメーターが用いられる。2種以上の液体を用いたマノメーターでは，同じ液体でつながった同じ高さの圧力は等しいと考える。n-n面上では，左右の圧力が等しいとすると

$$p + \rho g h_1 = \rho' g h_2$$
$$p = \rho' g h_2 - \rho g h_1 \tag{2.8}$$

となり，h_1，h_2 を測定すると圧力 p が求められる。

A，B二点の圧力差を知りたい場合には，**図 2.7**のような差圧計を用いる。

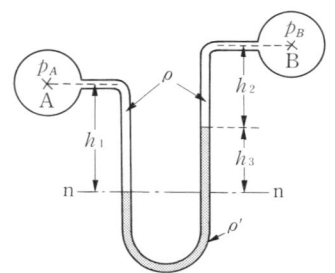

図 2.7　差圧計

このときも同じ液体でつながった同じ高さの圧力は等しいと考え，A，B点の圧力をそれぞれ p_A，p_B として n-n 面の式より，つぎのように表せる。

$$p_A + \rho g h_1 = p_B + \rho g h_2 + \rho' g h_3$$
$$p_A - p_B = \rho g (h_2 - h_1) + \rho' g h_3 \qquad (2.9)$$

例題 2.3 図 2.8 のようなマノメーターによって，A，B点の圧力差を求めよ。

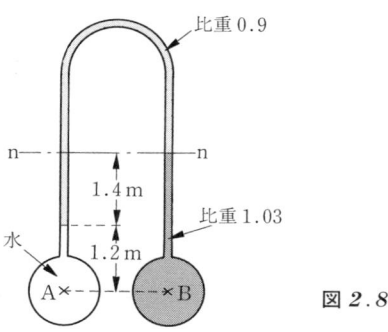

図 2.8

【解答】 この種の問題では，同じ液体でつながった同じ高さ（n-n 面）の圧力は等しいと考え，n-n 面の圧力を p_n として，つぎのように表す。

$$p_A = p_n + 0.9 \times 9.8 \times 1.4 + 1.0 \times 9.8 \times 1.2 = p_n + 24.11 \, \text{kN/m}^2$$
$$p_B = p_n + 1.03 \times 9.8 \times 2.6 = p_n + 26.24 \, \text{kN/m}^2$$
$$\therefore \quad p_A - p_B = -2.13 \, \text{kN/m}^2 = -2.13 \, \text{kPa} \qquad \diamond$$

2.1.5 水圧機

液体の一部に圧力を加えると液体の各部に同じ強さの圧力が伝えられる，という**パスカルの原理**（Pascal's axiom）がある。例えば，**図 2.9** のように断面積 A の栓を P なる力で押した場合，栓の内側に $p = P/A$ の圧力増加がみられ，さらに容器全体に p なる圧力増加が起こることになる。この性質を利用して，小さな力で大きな力を得る水圧機がつくられている。

図 2.10 に示すように，A，B 二つのピストンに力 P_1，P_2 が加えられてつりあっているものとする。ピストン A，B の断面積を A_1，A_2 とし，液体の単

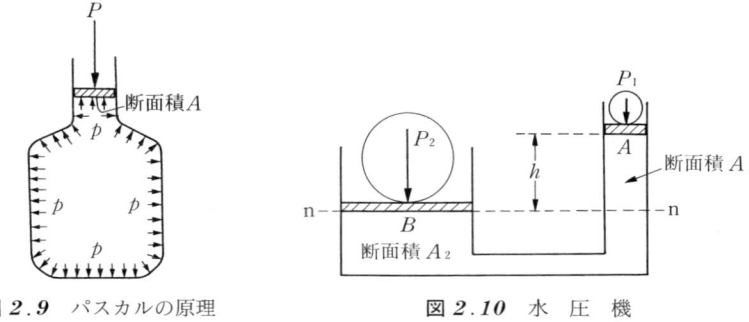

図 2.9 パスカルの原理　　　　図 2.10 水圧機

位重量を ρg とすると，n-n面での圧力が等しいことから

$$\frac{P_1}{A_1} + \rho g h = \frac{P_2}{A_2} \tag{2.10}$$

となる。ただし，ピストンの自重は無視している。

ピストンに加わる力が十分に大きいと $\rho g h$ が無視できるので

$$\frac{P_1}{A_1} = \frac{P_2}{A_2}, \quad P_2 = \frac{A_2}{A_1} P_1 \tag{2.11}$$

と表せる。

実際に使われる液体は油が多く，小さいピストンのほうには油が補給されて連続的に使用できるようになっている。

2.2 平面に作用する静水圧

2.2.1 水平な平面に作用する静水圧

図 2.11 のように，水深 H の位置に水平に置かれた平面（面積 A）がある。この平面上に作用する水圧は一様で，式 (2.4) から $p = \rho g H$ である。

水圧の方向は，すべて平面に垂直な鉛直方向であり，全水圧は式 (2.3) より式 (2.12) のように表される。

$$P = pA = \rho g H A \tag{2.12}$$

また，全水圧 P は平面の図心 G に作用する。

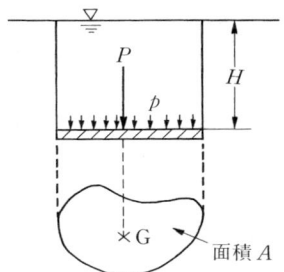

図 2.11 水平な平面に作用する静水圧

例題 2.4 図 2.12 のように水面から深さ 2 m のところに直径 0.6 m, 厚さ 0.15 m の円盤が水平に置かれている。平板の上面と下面に作用する全水圧およびその作用点を求めよ。

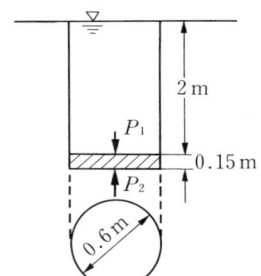

図 2.12

【解答】 全水圧 P は式 (2.12) より求められる。ただし、上面の深さは 2 m, 下面の深さは 2.15 m, 面積は $A = \pi \times 0.6^2/4 = 0.283 \text{ m}^2$ であるから

　　上面に作用する全水圧 $P_1 = \rho g H_1 A = 9.8 \times 2 \times 0.283 = 5.54 \text{ kN}$

　　下面に作用する全水圧 $P_2 = \rho g H_2 A = 9.8 \times 2.15 \times 0.283 = 5.96 \text{ kN}$

P の作用点は、図心すなわち円盤の中心である。また、全水圧は面に垂直に作用するので、P_1 は鉛直下向きに P_2 は鉛直上向きに作用する。

円盤上面と下面に作用する水圧の差 $P_2 - P_1 = 5.96 - 5.54 = 0.42 \text{ kN}$ は、2.4 節で述べる浮力に相当する。　　◇

2.2.2 鉛直な平面に作用する静水圧

静水圧は、式 (2.4) で示したとおり、深さに比例して増加するので、鉛直な平面に作用する静水圧は、上部で小さく下部で大きくなる。このことを考慮

して全水圧 P およびその作用点の深さ H_c を示すと式 (2.13), (2.14) のようになる〔式の誘導は, **2.2.3** 項の式 (2.17), (2.21) を参照〕。

$$P = \rho g H_G A \qquad (2.13)$$

$$H_C = H_G + \frac{I_G}{H_G A} \qquad (2.14)$$

図 **2.13** に示すように, A は平面の面積, H_G は図心 G の深さ, I_G は G を通る水平軸に関する断面二次モーメントである。

おもな平面形の断面二次モーメントは**表 2.1** のようである。

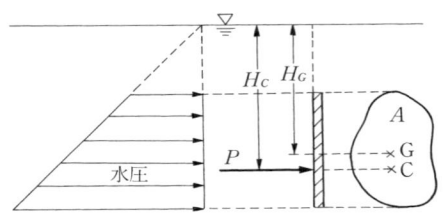

図 **2.13** 鉛直な平面に作用する静水圧

表 **2.1** 断面二次モーメント

	長方形	三角形	円形
面積	bh	$\dfrac{bh}{2}$	$\dfrac{\pi d^2}{4}$
I_G	$\dfrac{bh^3}{12}$	$\dfrac{bh^3}{36}$	$\dfrac{\pi d^4}{64}$

例題 2.5 図 **2.14** のような幅 B, 高さ H の鉛直平面に作用する全水圧およびその作用点を表す式を求めよ。

2.2 平面に作用する静水圧　21

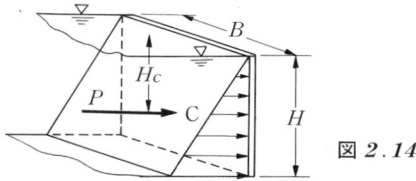

図 2.14

【解答】　式 (2.13), (2.14) より

$$P = \rho g \frac{H}{2} HB = \frac{1}{2} \rho g H^2 B$$

$$H_C = H_G + \frac{I_G}{H_G A} = \frac{H}{2} + \frac{BH^3/12}{(H/2)BH} = \frac{2}{3} H$$

別解として，水圧が図 2.14 のように三角形分布になることから，三角形の図心を全水圧が通るものとして，$H_C = 2H/3$ と表すこともできる。　◇

2.2.3　傾斜した平面に作用する静水圧

面積 A の平面が水平と角 θ をなして傾斜している場合について考える。

図 2.15 のように，水平な帯状の微小面積 dA をとれば，dA の上では水圧はすべて $p = \rho g h$ と考えられ，dA に作用する全水圧 dP は，式 (2.15) で表される。

$$dP = \rho g h\, dA = \rho g y \sin \theta\, dA \tag{2.15}$$

全平面に作用する全水圧 P は，これらを全面積にわたって積分したもので

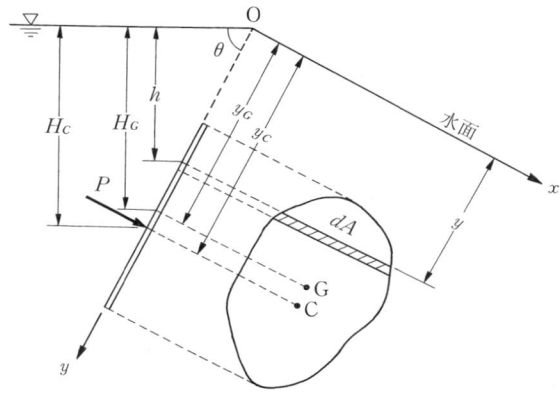

図 2.15　傾斜した平面に作用する静水圧

あるから

$$P = \int_A \rho g y \sin\theta \, dA = \rho g \sin\theta \int_A y \, dA \qquad (2.16)$$

式 (2.16) の $\int_A y \, dA$ は，平面の x 軸に関する断面一次モーメントであり，x 軸から図心 G までの距離を y_G とすれば，$y_G A$ に等しくなる。したがって，全水圧 P は式 (2.17) のようになる。

$$P = \rho g \sin\theta \, y_G A = \rho g H_G A \qquad (2.17)$$

すなわち平面に作用する全水圧は，図心における水圧 $p_G = \rho g H_G$ に平面の面積 A を掛けたものである。

P の作用点を C とし，x 軸からの距離を y_C とすると，P の x 軸に関するモーメントは，$P y_C$ となる。これは微小面積 dA に作用する dP のモーメント $y dP$ を全断面について積分したものに等しい。

$$P y_C = \int_A y \, dP \qquad (2.18)$$

式 (2.18) を y_C について表し，式 (2.15)，(2.17) を代入すると

$$y_C = \frac{\int_A y \, dP}{P} = \frac{\rho g \sin\theta \int_A y^2 dA}{\rho g \sin\theta \, y_G A} = \frac{\int_A y^2 dA}{y_G A} \qquad (2.19)$$

式 (2.19) の $\int_A y^2 dA$ は，平面の x 軸（水面）に関する断面二次モーメント I_x である。

一般に，**図 2.16** のように図心を通る G 軸に関する断面二次モーメントを I_G とすれば

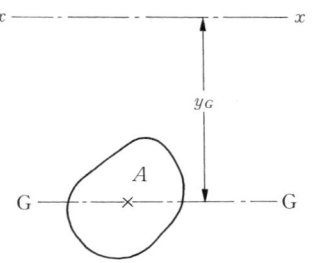

図 2.16 I_G と I_x

$$I_x = y_G{}^2 A + I_G \tag{2.20}$$

であるから，y_C は式 (2.21) のように表される．

$$y_C = \frac{I_x}{y_G A} = \frac{y_G{}^2 A + I_G}{y_G A} = y_G + \frac{I_G}{y_G A} \tag{2.21}$$

式 (2.21) からわかるように，全水圧の作用点は，図心 G より $I_G/(y_G A)$ だけ深い位置にある．

例題 2.6 図 2.17 のような円形の水門に作用する全水圧，およびその作用点の位置を求めよ．

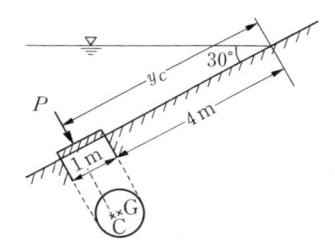

図 2.17

【解答】 式 (2.17)，(2.21) において

$$y_G = 4 + 0.5 = 4.5\,\mathrm{m}, \quad H_G = 4.5 \times \sin 30° = 2.25\,\mathrm{m}$$

$$A = \pi \times \frac{1^2}{4} = 0.785\,\mathrm{m^2}, \quad I_G = \pi \times \frac{1^4}{64} = 0.0491\,\mathrm{m^2}$$

であるから

$$P = 9.8 \times 2.25 \times 0.785 = 17.32\,\mathrm{kN}$$

$$y_C = 4.5 + \frac{0.0491}{4.5 \times 0.785} = 4.514\,\mathrm{m}$$

が得られる． ◇

2.3 曲面に作用する静水圧

曲面に作用する静水圧は，一般に一つの合力として表すことが困難であり，水平方向と鉛直方向に分けて考えられる．

2.3.1 曲面に作用する鉛直方向の静水圧

曲面に作用する鉛直方向の静水圧 P_z は，図 **2.18** のように曲面を底面とする水柱の重さに等しいので，式 (2.22) で表される。

$$P_z = 曲面を底面とし，その水面への投影面を上底とする水柱の重量 \tag{2.22}$$

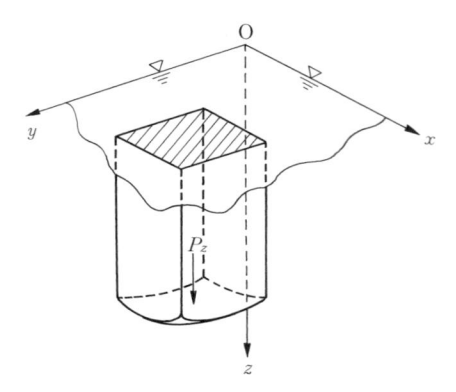

図 2.18 曲面に作用する鉛直方向の静水圧

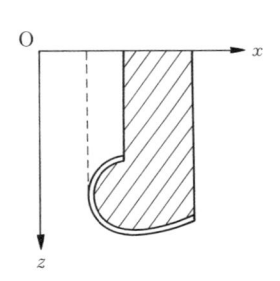

図 2.19 曲面の一部が重なる場合の静水圧

図 **2.19** のように，曲面が鉛直方向に一部重なる場合は，重なった部分の下向きの水圧と上向きの水圧が打ち消し合って，けっきょく図の斜線部の水の重さを考えればよいことになる。

例題 2.7 図 **2.20** に示すようなローリングゲート（円柱を横にして堰にした形）に作用する鉛直方向の静水圧を求めよ。

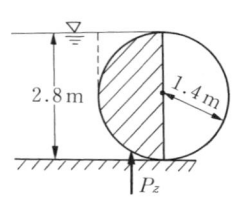

図 2.20 ローリングゲート

【解答】 鉛直方向に投影するとゲート表面が重なり，この部分を除くと，斜線部のようになる．鉛直方向の水圧はこの斜線部の水の重さに等しいから，単位幅（奥行 1 m）当りについて，つぎのようになる．

$$P_z = \rho g B \frac{\pi r^2}{2} = 9.8 \times 1 \times \frac{\pi \times 1.4^2}{2} = 30.17 \text{ kN} \qquad \diamondsuit$$

2.3.2 曲面に作用する水平方向の静水圧

図 2.21 に示すような曲面において，微小面積 $\varDelta s$（長さ $\varDelta s$，幅 1）に作用する静水圧を考える．微小面は平面と考えてもよいので，$\varDelta s$ に作用する全水圧を $\varDelta P$ とすると，$\varDelta P = p \varDelta s$，水平分力は $\varDelta P \sin \theta = p \varDelta s \sin \theta$ と表せる．

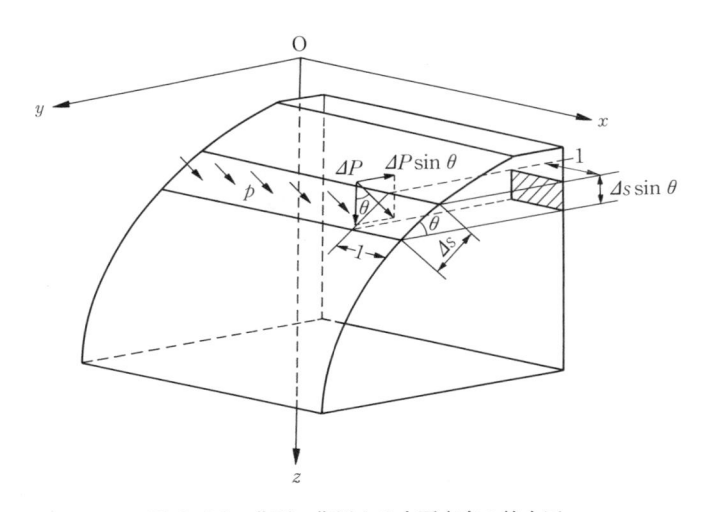

図 2.21 曲面に作用する水平方向の静水圧

一方，微小面積の水平方向の投影面（斜線部）に作用する全水圧は，$p \varDelta s \sin \theta$ である．曲面の微小面積 $\varDelta s$ に作用する水平方向の水圧は，$\varDelta s$ の水平方向の投影面に作用する全水圧に等しい．したがって，曲面に作用する水平方向の静水圧 P_x は

$$P_x = 曲面の水平方向の投影面に作用する全水圧 \qquad (2.23)$$

と表せる．

例題 2.8 例題 2.7 について，曲面に作用する水平方向の静水圧を求めよ。また，全水圧の作用点について考えよ。

【解答】 ローリングゲート単位幅当りの水平方向の投影面は，$1\,\mathrm{m} \times 2.8\,\mathrm{m}$ の長方形となる。この面に作用する全水圧は式 (2.13) より

$$P_x = \rho g H_G A = 9.8 \times 1.4 \times 2.8 = 38.42\,\mathrm{kN}$$

となる。なお，P_x の作用点は，式 (2.14) を用いてもよいが，**例題 2.5** の別解を参考にすると，底面より $2.8 \times 1/3 = 0.933\,\mathrm{m}$ の位置になる。

ローリングゲートのような円弧に水圧が作用する場合には，全水圧も円弧の中心を通るものと考え，全水圧の作用点を求めることができる（**図 2.22**）。

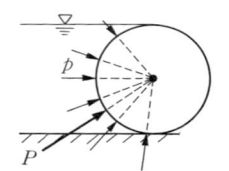

図 2.22

全水圧の円弧中心に関するモーメントは 0 であるから，全水圧の分力である P_x，P_z によるモーメントも 0 となる。**図 2.23** を参照して

$$P_z a - P_x \times (1.4 - 0.933) = 0$$

$$a = \frac{P_x}{P_z}(1.4 - 0.933) = \frac{38.42}{30.17} \times 0.467 = 0.595\,\mathrm{m}$$

となる。P は P_x，P_z の合力であるから，つぎのように求まる。

$$P = \sqrt{P_x^2 + P_z^2} = \sqrt{38.42^2 + 30.17^2} = 48.85\,\mathrm{kN}$$

P の水平となす角を θ とすると，$\tan\theta = P_z/P_x = 30.17/38.42 = 0.785$，$\theta = \tan^{-1} 0.785 = 38.1°$ となる。

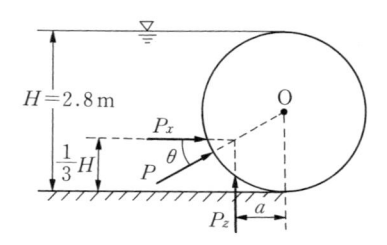

図 2.23

◇

2.4 浮力と浮体の安定

2.4.1 浮力

静水中にある物体は，周囲から静水圧を受ける。**図 2.24** のように，水平方向の力は打ち消し合うので，鉛直方向の力だけを考えればよい。物体に作用する力は

（水柱 EABCF の重量）−（水柱 EADCF の重量）
$$= （物体 ABCD と同体積の水の重量） \quad (2.24)$$

となり，鉛直上向きに働く。この力を**浮力**（buoyant force）といい，その作用線は水中にある物体を水におきかえたものの重心を通る。この重心を**浮心**（center of buoyancy）という。すなわち，水中にある物体は，それが排除した体積の水の重量に等しい浮力を受ける。また，これは**アルキメデスの原理**（Archimedes's axiom）と呼ばれ，水中にある物体の体積を V，水の単位重量を ρg とすると，浮力 P_z は式（2.25）で表される。

$$P_z = \rho g V \quad (2.25)$$

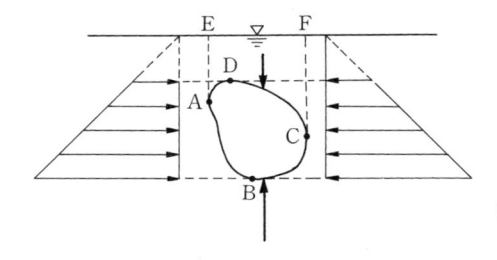

図 2.24 水中の物体に作用する力

例題 2.9 図 2.25 のようなコンクリートケーソンが比重 1.025 の海水に浮かんでいるとき，このケーソンの喫水（水中に没する深さ）を求めよ。ただし，側壁および底の厚さはすべて 0.2 m とし，コンクリートの単位重量は 23.52 kN/m³ とする。

28　　2. 静 水 の 力 学

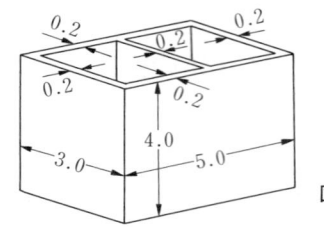

図 2.25

【解答】 ケーソンの重量を求めるため，体積を調べる。体積は外形容積から中空部を差し引いて求められるので

$$5 \times 3 \times 4 - 2 \times (2.5 - 0.2 - 0.1) \times (3 - 0.4) \times (4 - 0.2)$$
$$= 60 - 43.472 = 16.528 \text{ m}^3$$

となる。ケーソンの重量 W は体積に単位重量を掛けて，$W = 23.52 \times 16.528 = 388.7$ kN，喫水を H とすると，浮力 P_z は $P_z = 9.8 \times 1.025 \times 5 \times 3 \times H = 150.675 H$ 〔kN〕となる。物体が浮かんでいる場合，W と P_z がつりあっているから

$$P_z = W, \quad 150.675 H = 388.7, \quad \therefore H = 2.58 \text{ m}$$

となる。　　　　　　　　　　　　　　　　　　　　　　　　　　　　　　◇

2.4.2　浮体の安定

浮体が水に浮かんで静止しているとき，浮体の重量 W と浮力 P_z はつりあいの状態にある。すなわち，W と P_z は大きさが等しく向きが反対で，一直線上に作用している。しかし，浮体が少し傾斜したとき，W と P_z は一直線上でなくなり，浮体が転倒する場合と，もとの静止状態に復元する場合とがある。

図 2.26 のように重心 G が浮心 C より下にある場合は，W と P_z による**偶力** (couple of forces) が生じ，もとの静止状態に戻ろうとするので，つねに安定である。重心 G が浮心 C より上にある場合，浮体が傾くと水中にある浮体部分が変化する。すなわち，**図 2.27** のように水中部分の体積が左側で減少し，右側で増加するので，浮心 C は C′ に移動する。C′ を通る鉛直線と $\overline{GC}$ の交点Mを**傾心** (metacenter) と呼び，$\overline{MG}$ を**傾心高** (metacentric height) と呼ぶ。

図 2.28（a）のように，重心 G が浮心 C より上にある場合は，浮体が少し傾くと，傾心 M が重心 G より上になるか下になるかによって，つぎの三つの

2.4 浮力と浮体の安定

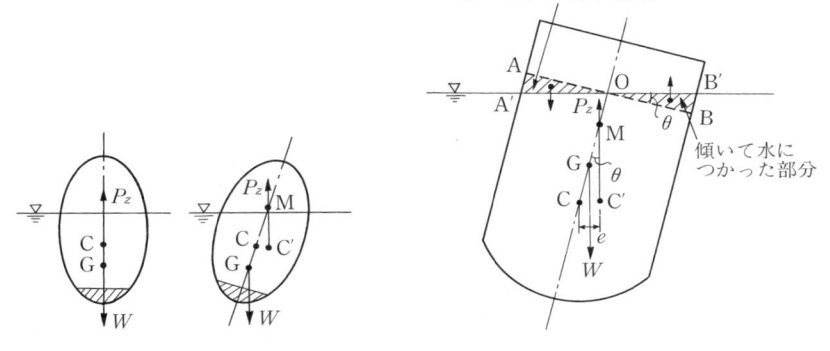

図 2.26 浮心が重心より上にある場合

図 2.27 浮体の安定

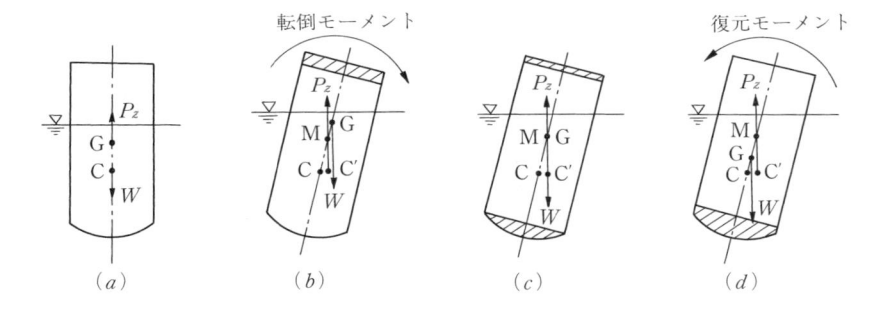

図 2.28 浮心が重心より下にある場合

状態が考えられる。

　図 (b)：M が G より下にあり，浮体はさらに傾く不安定な状態にある。

　図 (c)：M と G が重なり，浮体は傾いたまま静止し中立の状態にある。

　図 (d)：M が G より上にあり，もとの静止位置に戻ろうとする安定な状態にある。

傾心高 $\overline{\mathrm{MG}}$ について，M が G より上にある場合を正とすると，$\overline{\mathrm{MG}} < 0$ のとき不安定，$\overline{\mathrm{MG}} = 0$ のとき中立，$\overline{\mathrm{MG}} > 0$ のとき安定と表すこともできる。浮心の移動は，浮体の安定に重要な役割を果たすが，これは図 2.27 に示すように，水中にある部分の変化によってもたらされる。

　移動距離 e，浮力 P_z （$= $ 重量 W）とすると，傾きが微小なとき

$P_z e = We = $ OAA′ と OBB′ による偶力のモーメント

となる。したがって，この関係を用いて e を求め，$\overline{\mathrm{MG}}$ の式を導くことができる。図 2.29 において $P_z e$ を表すとつぎのようになる。

$$P_z e = \int_A \rho g x \tan\theta \, dA \, x = \rho g \tan\theta \int_A x^2 dA \qquad (2.26)$$

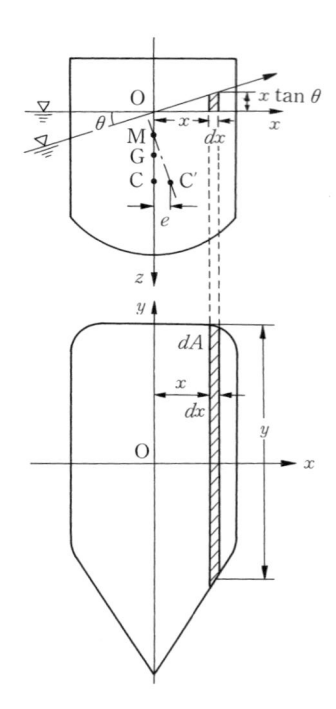

図 2.29　浮心の移動

$\int_A x^2 dA$ は，$x^2 dA$ を全断面について積分したもので，浮体の喫水面の y 軸に関する断面二次モーメント I_y である。式 (2.26) に I_y および式 (2.25) を代入して変形すると

$$\rho g V e = \rho g \tan\theta \, I_y$$

$$e = \frac{I_y}{V}\tan\theta \qquad (2.27)$$

となる。一方，図 2.29 において，$e = \overline{\mathrm{MC}} \tan\theta = (\overline{\mathrm{MG}} + \overline{\mathrm{GC}})\tan\theta$ であ

るから，式 (2.27) に代入して

$$(\overline{\mathrm{MG}} + \overline{\mathrm{GC}})\tan\theta = \frac{I_y}{V}\tan\theta$$

$$\overline{\mathrm{MG}} = \frac{I_y}{V} - \overline{\mathrm{GC}} \qquad (2.28)$$

となる。$\overline{\mathrm{MG}}$ は M が G より上のとき，$\overline{\mathrm{GC}}$ は G が C より上のとき，それぞれ正とする。また，おもな断面形の断面二次モーメント I_y は**表 2.1** に I_G として示されている。

式 (2.28) を用いて，つぎの条件により浮体の安定を調べることができる。

$$\left.\begin{array}{l}\overline{\mathrm{MG}} > 0 \quad \text{のとき} \quad \text{安定}\\ \overline{\mathrm{MG}} = 0 \quad \text{のとき} \quad \text{中立}\\ \overline{\mathrm{MG}} < 0 \quad \text{のとき} \quad \text{不安定}\end{array}\right\} \qquad (2.29)$$

例題 2.10 例題 2.9 のケーソンの安定を調べよ。

【解答】 喫水 H が 2.58 m と求められているので，水中の体積 V は
$$V = 5 \times 3 \times 2.58 = 38.70 \text{ m}^3$$
となり，浮心 C の底面 B からの距離 $\overline{\mathrm{CB}}$ は，つぎのようになる。

$$\overline{\mathrm{CB}} = \frac{2.58}{2} = 1.29 \text{ m}$$

I_y は**表 2.1** より，$I_y = 5 \times 3^3/12 = 11.25 \text{ m}^4$ となるが，y 軸のとり方によっては $I_y = 3 \times 5^3/12 = 31.25 \text{ m}^4$ とも計算できる。しかし，浮体の安定を調べる場合は，I_y の小さいほうをとる。

浮体の重心 G は，**図 2.30** のように上下非対称の場合，高さの半分の位置にこないので，底面に関するモーメントを考えてつぎのように求める。

$$W \times \overline{\mathrm{GB}} = 23.52 \times \left\{5 \times 3 \times 4 \times \frac{4}{2} - 2 \times (2.5 - 0.2 - 0.1) \times (3 - 0.4)\right.$$
$$\left. \times (4 - 0.2) \times \left(0.2 + \frac{4 - 0.2}{2}\right)\right\}$$

$$= 675.23 \text{ kN·m}$$

$W = 388.7 \text{ kN}$ であったから
$$\overline{\mathrm{GB}} = \frac{675.23}{388.7} = 1.737 \text{ m}$$

32　　2. 静 水 の 力 学

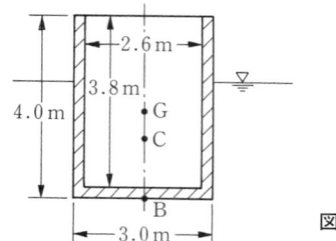

$$\overline{\mathrm{GC}} = \overline{\mathrm{GB}} - \overline{\mathrm{CB}} = 1.737 - 1.29 = 0.447 \,\mathrm{m}$$

となる。式 (2.28) を用いて $\overline{\mathrm{MG}}$ を求めると

$$\overline{\mathrm{MG}} = \frac{I_y}{V} - \overline{\mathrm{GC}} = \frac{11.25}{38.7} - 0.447 = -0.156 \,\mathrm{m} < 0$$

となり，不安定である。　　　　　　　　　　　　　　　　　　　　　◇

2.5　相対的静止の水面

　静止している水には，鉛直下向きに重力が作用し，その水面は重力に対して直角，すなわち水平となる。容器に入れた水を容器ごと運動させると，中の水は重力以外の加速度を受ける。そのため水面は重力と重力以外の加速度の合力に対して直角になり，水平にならない。この場合，容器から見ると水はある方向に質量力は受けているが，相対的に静止の状態にあり，相対的静止の問題として，静水力学の範囲で取り扱うことができる。

2.5.1　水が直線運動をする場合

　図 2.31 のように，水の入った容器を水平に加速度 a で動かすと，中の水は逆向きで大きさの等しい加速度 $-a$ を受ける。この加速度による力 F は，水の質量を m とすると $F = ma$ で表される。また，重量 W は 1 章の式(1.2)より $W = mg$ で表されるので，水面の傾き θ は

$$\tan \theta = \frac{F}{W} = \frac{ma}{mg} = \frac{a}{g} \tag{2.30}$$

と表すことができる。

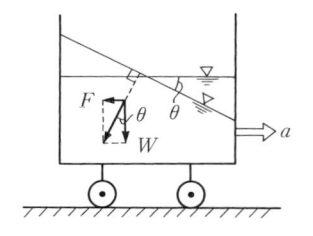

図 2.31 水平加速度を受けた場合の水面形

2.5.2 水が回転運動をする場合

円形の容器に水を入れて中の水を回転させると，中心付近の水面が低くなる。この現象は，回転する水粒子が遠心力による加速度を受け，**図 2.32** のように，重力との合力 R が作用するためである。水面は合力 R と直角をなすが，遠心力による加速度は，回転半径を x，角速度を ω とすると，$\omega^2 x$ で表される。すなわち，回転半径が大きくなるほど遠心加速度が大きくなり，水面の傾きも大きくなる。中心から半径 x の位置にある水面の傾き θ は

$$\tan\theta = \frac{F}{W} = \frac{m\omega^2 x}{mg} = \frac{\omega^2 x}{g} \tag{2.31}$$

と表される。一方，水面形を座標 z，x における方程式で表した場合，水面の傾きは dz/dx であるから

$$\frac{dz}{dx} = \frac{\omega^2}{g}x$$

と表すことができる。これを積分して

$$z = \frac{\omega^2}{g}\frac{x^2}{2} + C$$

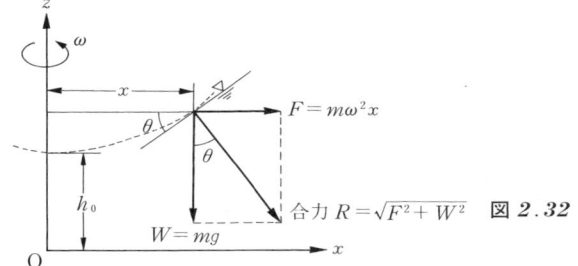

図 2.32 回転する水粒子の受ける力

回転中心での水深を h_0 とすると，$x=0$ で $z=h_0$ とおけるので，$C=h_0$ となり，水面形を表す式 (2.32) が得られる．

$$z = \frac{\omega^2}{2g} x^2 + h_0 \qquad (2.32)$$

例題 2.11 直径 25 cm の円筒容器を鉛直中心軸の周りに毎分 40 回転させると，側壁に接する水面は中心より何 cm 高くなるか．

【解答】 角速度 ω〔rad/s〕と毎分回転数 n〔rpm〕の関係は $\omega = 2\pi n/60$ であるから，$\omega = 2 \times \pi \times 40/60 = 4.189\,\text{rad/s}$，$x = 0.125\,\text{m}$，$g = 9.8\,\text{m/s}^2$ を式 (2.32) に代入して

$$z - h_0 = \frac{\omega^2}{2g} x^2 = \frac{4.189^2}{2 \times 9.8} \times 0.125^2 = 0.014\,\text{m} = 1.4\,\text{cm}$$

が得られる． ◇

コーヒーブレイク

水より重いものは浮かないか

水より重いもの，すなわち比重が 1 より重いものは，ふつう沈んでしまう．ところが比重約 2.1 の 1 円玉は，写真のように水に浮く．

確かに重い鉄でできた船も浮くのだから，1 円玉が浮いても不思議ではない．船が浮くのと 1 円玉が浮くのと同じだろうか．

船が浮くのは，船の水中部分に浮力が働く，いわゆるアルキメデスの原理による．

1 円玉の体積は約 0.5 cm³，全部水中に没しても，浮かせる力は不足する．

1 円玉を浮かせて，よく見ると下端が水面より少し低くなって浮いている（図参照）．

ご存知のように，1 円玉は，アメンボの脚と同じく水の表面張力の助けを借りて浮いているのである．

図　水に浮いた 1 円玉

演 習 問 題

【1】 問図 2.1 のように，比重が $\gamma_1 = 0.88$, $\gamma_2 = 1.0$ および $\gamma_3 = 1.15$ のたがいに混合しない3種類の液体が入った容器がある．各液体の深さをそれぞれ2mとすると，最下部における圧力の強さ p_A, p_B および p_C はいくらになるか．

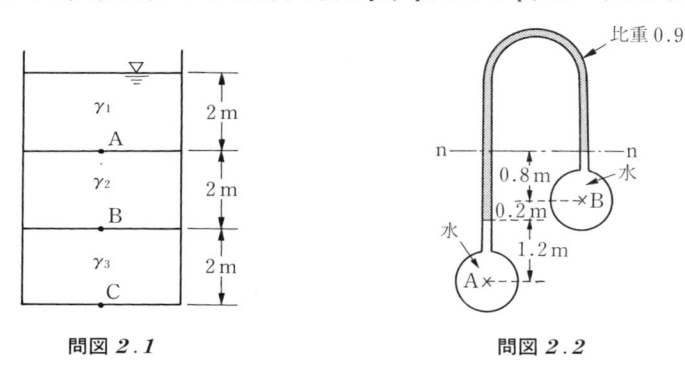

問図 2.1

問図 2.2

【2】 問図 2.2 のようなマノメーターによって，A，B点の圧力差を求めよ．

【3】 問図 2.3 のような，円形の水門に作用する全水圧およびその作用点の深さを求めよ．

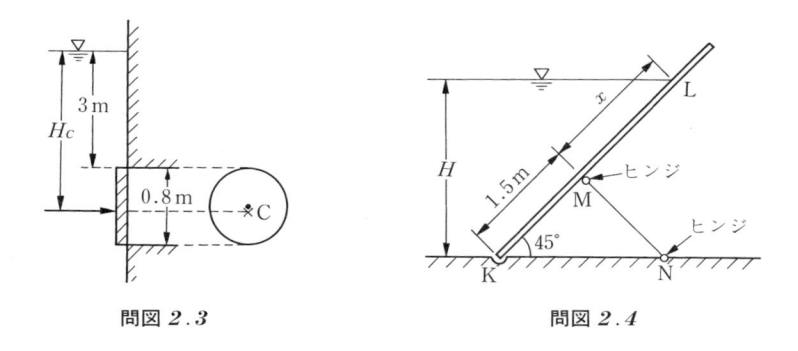

問図 2.3

問図 2.4

【4】 問図 2.4 のような自動堰において，堰板が倒れるのは水深何m以上のときか．ただし，堰板の自重は無視する．

【5】 問図 2.5 のように，コンクリートケーソンに砂を入れて海水に浮かべた場合の喫水 H，重心 G および浮心 C の位置を求め，ケーソンの安定を調べよ。ただし，コンクリート，砂および海水の単位重量はそれぞれ 23.52 kN/m³，17.64 kN/m³ および 10.094 kN/m³ とする。

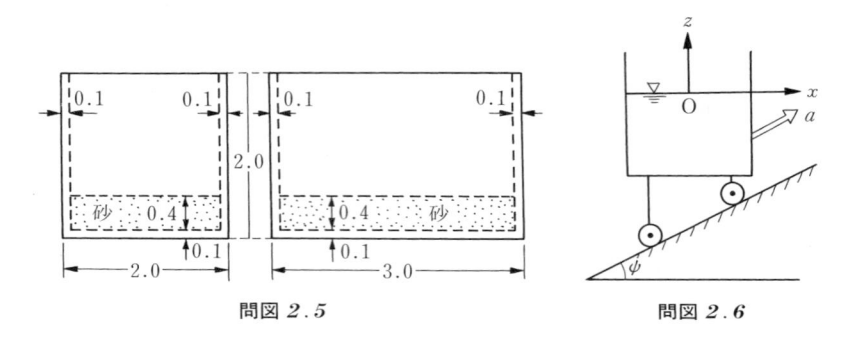

問図 2.5

問図 2.6

【6】 問図 2.6 のように，水を入れた容器を水平と角 ϕ をなす斜面に沿って，加速度 a で引き上げる。水面が水平となす角 θ を求めよ。

3

流れの基礎理論

2章で述べたように，静止した水も静水圧の形でエネルギーをもつが，水が動きはじめると運動エネルギーが付加される．水の運動には法則性があり，例えば川の水は高い所から低い所へ，パイプ内の水はエネルギーの高い所から低い所へ流れる．また，ホースから飛び出す水は壁面に当たると力を及ぼす．

本章では，このような現象の法則性を理解するために，まず流れの説明を行い，そののち水理学の重要な式である連続の式，ベルヌーイの定理，運動量の方程式について説明する．

3.1 流体，流速と流量

空気などの**気体**（gas）は圧力変化に伴う体積変化，すなわち圧縮性を考慮しなければならない場合が多い．このような**流体**（fluid）を**圧縮性流体**（compressible fluid）という．水などの**液体**（liquid）は圧縮性を考慮しないことが多く，**非圧縮性流体**（incompressible fluid）と呼んでいる．また，流体の粘性を考慮するものを**粘性流体**（viscous fluid），粘性を無視できるものを**非粘性流体**（inviscid fluid）という．特に，圧縮性とともに粘性を無視できるものを**完全流体**（perfect fluid）または**理想流体**（ideal fluid）と呼び，流体運動を解明する際，数学的手法が簡単になる．これらを整理すると図 *3.1* のようになる．

水は一般には連続した通路の中，つまり水路内を流れている．水路は形状と性質によって**開水路**（open channel）と**管水路**（または**管路**：pipe）に分けら

$$
\text{流 体}\begin{cases}\text{非圧縮性流体}\begin{cases}\text{非粘性流体（翼理論，水の波）}\\ \text{粘 性 流 体（管路，開水路の流れ，流体抵抗）}\end{cases}\\ \text{圧 縮 性 流 体}\begin{cases}\text{非粘性流体（音速以上の翼理論，水撃作用）}\\ \text{粘 性 流 体（高速空気流の抵抗，地下水の非定常流）}\end{cases}\end{cases}
$$

図 3.1 流体の分類と適用例

れ，両者は自由水面，すなわち水表面をもつか否かによって区別される．一般の河川や用水路は開水路であり，下水道のように上部が閉じた円管水路でも，満杯にならず水面が現れるときは開水路として扱われる．一方，管水路は水面をもたず，管路一杯に水が流れることになる．

これらの水路において，図 3.2 のように流れ方向に対して直角に切った断面の面積を流水断面積または**流積**（cross sectional area）A，水路と流体が接している部分の長さを**潤辺**（wetted perimeter）S と呼ぶ．さらに，流積を潤辺で割った値は**径深**（hydraulic radius）R と呼ばれる．

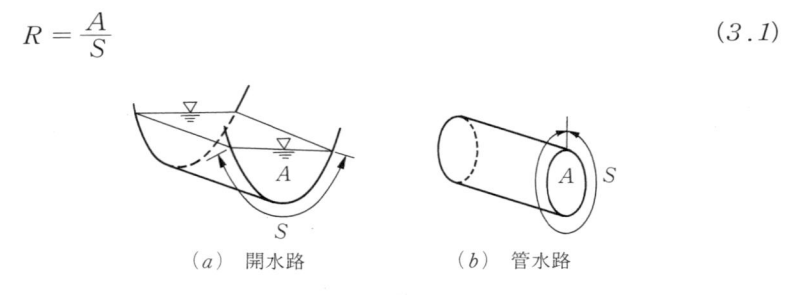

$$R = \frac{A}{S} \tag{3.1}$$

(a) 開水路　　　(b) 管水路

図 3.2 流積と潤辺

流体の流れる速さが**流速**（velocity）v であり，流積を単位時間に通過する流体の質量を**流量**（discharge）Q という．水などのようにほとんど密度が変化しない流体の流量は，単位時間に通過する体積で表す．

3.2 流れの分類

流れはいろいろな条件によって分類されるが，まず開水路での流れは以下のようになる．時間的な変化に注目すると，**定常流**（または**定流**：steady flow）

と**非定常流**（または**不定流**：unsteady flow）に分けることができる。流量・流速・水深などの流れを支配する要素が時間とともに変化しないで定常状態を保っている流れが定常流で，時間とともに変化するのが非定常流である。平常時の河川や水路の流れは定常流であるが，洪水時の流れや感潮域の流れは非定常流になる。

また定常流において，場所的（空間的）な変化に注目すれば**等流**（uniform flow）と**不等流**（non-uniform flow）に分けることができる。等流は一定勾配の一様な断面をもつ水路において各断面の水深が一定になる流れで，不等流は水深が変化する流れである（図 **3.3**）。

開水路の流れ
- 定常流（$Q=$一定）
  - 等　流：どの断面も等しく，どの場所の流速も等しい流れ
  - 不等流：断面形状や流速が場所によって変化する流れ
- 非定常流（$Q \neq$一定）：時間によって流量，断面形状，流積，流速などが変化する流れ

図 **3.3**　開水路流れの分類

開水路の流れに対する別の分類方法として，長波の伝播速度（$\sqrt{gh}$，例題 **3.14** 参照）より速い流れを**射流**（supercritical flow），逆の状態になる流れを**常流**（subcritical flow）と呼び，流体の慣性力と重力の比より求められた式（3.2）で識別される。

$$F_r = \frac{v}{\sqrt{gh}} \tag{3.2}$$

ここに F_r：フルード数（無次元），v：流速，g：重力の加速度，h：水深である。換言すれば，フルード数 $F_r > 1$ なる流れは射流，$F_r < 1$ の流れは常流，$F_r = 1$ の流れは限界流と呼ばれる。なお長波とは，波長の長い波で津波も長波の一種である。

管水路においては，流体粒子の動きに注目した分類方法として，流れが層になるのを**層流**（laminar flow），入り乱れる状態になるのを**乱流**（turbulent flow）と区分する方法がある。これらは，流体の慣性力と粘性力の比から求められた式（3.3）の値によって判断される。

$$R_e = \frac{vD}{\nu} \tag{3.3}$$

ここに R_e：**レイノルズ数**（Reynolds number）（無次元），v：流速，D：管の直径，ν：流体の動粘性係数である。一般には，$R_e > 4\,000$ になる流れは乱流，$R_e < 2\,000$ になる流れは層流，$2\,000 < R_e < 4\,000$ の流れは過渡状態と考えられている。開水路でレイノルズ数を求めるときには，直径のかわりに径深を用いている。

3.3 流れの連続性

3.3.1 流線・流管・流跡線

運動している流体の中で，ある瞬間に一つの曲線を考え，この曲線上の流速ベクトルと各点での流体粒子の速度の方向がすべて一致しているとき，この曲線を**流線**（stream line）という。この流線は流水の中に無限本数描くことができるが，これらは交わることはない。流線の可視化を試みるには，**図 3.4** のように流れの中に小さい粒子を多数ランダムに分布させ，露出時間を短くして写真撮影をする。それぞれの粒子は短い線分（これが流速ベクトルである）として写り，これらの線分に接するような曲線を描けば流線になる。なお，流線の方程式は式（3.4）のように表せる。

$$\frac{dx}{u} = \frac{dy}{v} = \frac{dz}{w} \tag{3.4}$$

ここに，dx，dy，dz および u，v，w は，流体粒子が動いた距離と流速の x，y，z 方向の各成分である。

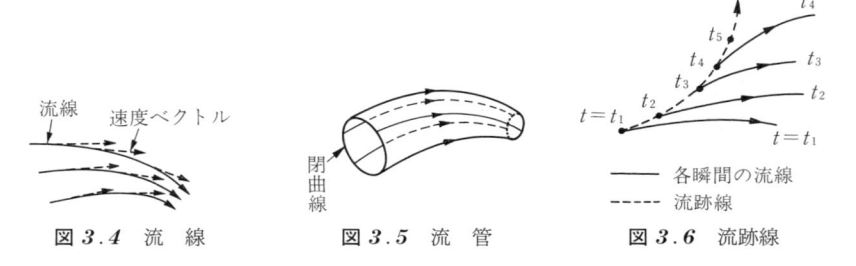

図 3.4 流線　　図 3.5 流管　　図 3.6 流跡線

流体中に任意の閉曲線を仮定し，この曲線上の各点から流線を引くと，図 *3.5* のように流線を壁面とする一つの管がつくられる。これを**流管**（stream tube）と呼び，流線の性質から流体は流管の壁を横切って出入りすることがない。

流水の様子を示す線として，一つの流体粒子を追っていく方法があり，この線は図 *3.6* のように一つの道筋を描き，その経路を**流跡線**（path line）という。流跡線は時間の関数であり，それぞれの流体粒子の位置によって定義され，一つの粒子に注目した長時間露出の写真撮影によって求めることができる。流跡線の方程式には時間項を加味して式（3.5）で表される。

$$dt = \frac{dx}{u} = \frac{dy}{v} = \frac{dz}{w} \tag{3.5}$$

定常な流れにおいては，時間に無関係になるため流線と流跡線は一致するが，非定常な流れでは両者はたがいに異なるものになる。

3.3.2 連 続 の 式

図 *3.7* のように流れを定常と仮定し，流管の一部分 ① ～ ② を取り出して，その断面積と流速の関係を調べる。流管の管軸方向に垂直な断面 ①，② の断面積を A_1，A_2 とし，断面 ①，② における流速および密度をそれぞれ v_1，v_2，および ρ_1，ρ_2 とすると，断面 ① から微小時間 dt に入ってくる流体の質量は $\rho_1 A_1 v_1 dt$ で，断面 ② から微小時間 dt に出ていく流体の質量は $\rho_2 A_2 v_2 dt$ である。

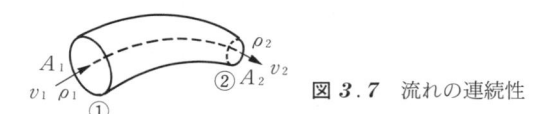

図 *3.7* 流れの連続性

流体は流管を横切って出入りすることはないので，質量保存の法則から，流管 ①，② 内の質量はつねに一定でなければならない。したがって，dt 時間に断面 ① から流入する質量と断面 ② から流出する質量とは相等しく，次式で表せる。

$$\rho_1 A_1 v_1 dt = \rho_2 A_2 v_2 dt$$

ここで，断面①，②は任意の断面であるから，流管のどの部分においても成立し

$$\rho A v = \text{const.}$$

となる。流体が水のように，非圧縮性とみなすことができれば ρ は一定であるから

$$A v = \text{const.} = Q \tag{3.6}$$

となる。ここに，Q は流量で，この関係式を**連続の式**（equation of continuity）という。式（3.6）は，流れが定流である場合の問題を解くうえで重要な方程式の一つである。

例題 3.1 図 3.8 のような管路において，断面 ① を通る平均流速が 50 cm/s であれば，断面 ② で平均流速はいくらになるか。

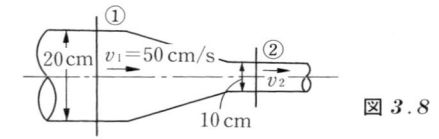

図 3.8

【解答】 連続の式（3.6）より

$$\frac{\pi}{4} \times 0.2^2 \times 0.5 = \frac{\pi}{4} \times 0.1^2 \times v_2$$

$$v_2 = 2.0 \text{m/s} \qquad \diamondsuit$$

例題 3.2 図 3.9 のように，間隔 4 cm で水平に置かれた 2 枚の円板がある。下の円板に取り付けられた直径 8 cm の円管に流量 10 l/s の水が流され四方に流出している。半径 20 cm 地点における平均流速はいくらか。

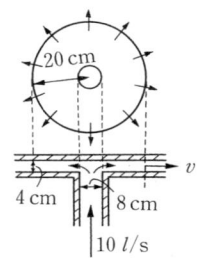

図 3.9

【解答】 連続の式（3.6）より，つぎのように求まる．

$10\,000 = \pi \times 40 \times 4 \times v$

$v = 19.9\,\text{cm/s}$ ◇

3.4　ベルヌーイの定理

3.4.1　流体のエネルギー

固体のもつ全エネルギー E は，運動エネルギーと位置エネルギーを加えたもので

$$E = \frac{mv^2}{2} + mgz$$

と表すことができる．ここに，m：物体の質量，v：速度，g：重力の加速度，z：基準線からの高さである．流体は圧力の形でもエネルギーを蓄えることができ，水深 h における圧力 p は，2章で学んだように $p=\rho g h$ が働く．つまり，$h = p/(\rho g)$ となり，水圧は高さに置き換えられる．したがって，流体では全エネルギーを

$$E = \frac{mv^2}{2} + mgz + mg\frac{p}{\rho g} \tag{3.7}$$

で表すことができる．

3.4.2　ベルヌーイの定理

図 3.10 のような開水路ならびに管水路において，任意の2断面の中に流管を仮定する．エネルギー保存則より二点のエネルギーは等しくなるので，それぞれの全エネルギーは

$$\frac{mv_1^2}{2} + mgz_1 + mg\frac{p_1}{\rho g} = \frac{mv_2^2}{2} + mgz_2 + mg\frac{p_2}{\rho g} \tag{3.8}$$

となる．なお，両辺の添字は断面番号を示す．

両辺を mg（重量）で割ると式（3.9）が得られる．

$$\frac{v_1^2}{2g} + z_1 + \frac{p_1}{\rho g} = \frac{v_2^2}{2g} + z_2 + \frac{p_2}{\rho g} \tag{3.9}$$

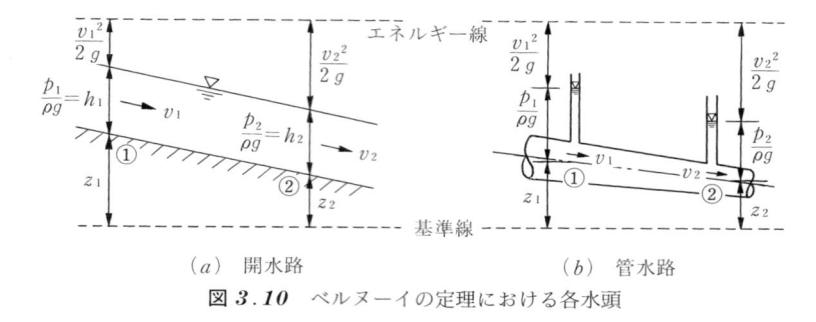

44　3. 流れの基礎理論

(a) 開水路　　　　　　　　(b) 管水路

図 3.10　ベルヌーイの定理における各水頭

　断面①, ②はそれぞれ任意であったので, 単位重量の流体粒子のもつ全エネルギーはすべての断面で等しくなり

$$E = \frac{v^2}{2g} + z + \frac{p}{\rho g} = \text{const.} \tag{3.10}$$

と表される。この式 (3.10) は, 完全流体の定流状態における**ベルヌーイの式** (Bernoulli equation) と呼ばれる。

　実際の流体は損失があるので, 式 (3.11) のようにエネルギーの損失水頭 h_l が付加される。

$$\frac{v_1^2}{2g} + z_1 + \frac{p_1}{\rho g} = \frac{v_2^2}{2g} + z_2 + \frac{p_2}{\rho g} + h_l \tag{3.11}$$

　ベルヌーイの式は, エネルギーを重量で割ることにより, 単位重量のもつエネルギーと置き換えたので, 各値のすべては長さの単位で表される。したがって, $v^2/(2g)$ を**速度水頭** (velocity head), z を**位置水頭** (elevation head), $p/(\rho g)$ を**圧力水頭** (pressure head) と呼んでいる。

例題 3.3　図 3.11 のような円形断面のパイプがあって, それぞれの条件が図中のような数値であるとき p_2 の値を求めよ。ただし, 損失は無視する。

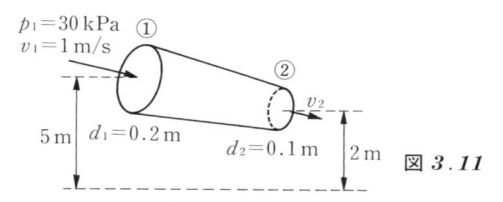

図 3.11

【解答】 連続の式（3.6）より

$$v_1 A_1 = v_2 A_2$$

$$\frac{1 \times (\pi \times 0.2^2)}{4} = \frac{v_2 \times (\pi \times 0.1^2)}{4}$$

$$v_2 = 4 \text{ m/s}$$

となる。よって、ベルヌーイの式（3.9）より、p_2 はつぎのように求まる。

$$\frac{v_1^2}{2g} + z_1 + \frac{p_1}{\rho g} = \frac{v_2^2}{2g} + z_2 + \frac{p_2}{\rho g}$$

$$\frac{1^2}{2 \times 9.8} + 5 + \frac{30\,000}{1\,000 \times 9.8} = \frac{4^2}{2 \times 9.8} + 2 + \frac{p_2}{1\,000 \times 9.8}$$

$$p_2 = 51\,900 \text{ Pa} = 51.9 \text{ kPa} \quad \diamondsuit$$

例題 3.4 図 3.12 のように，間隔 4 cm で水平に置かれた 2 枚の円板がある。下の円板に取り付けられたパイプから流量 100 l/s の水が流されている。半径 10 cm の位置で水圧が 10 kPa であると，半径 20 cm の位置での水圧はいくらになるか。

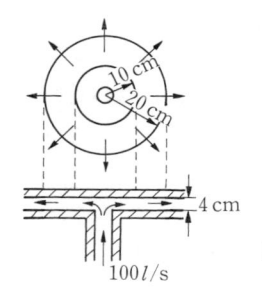

図 3.12

【解答】 連続の式（3.6）より

$$0.1 = \pi \times 0.2 \times 0.04 \times v_1 = \pi \times 0.4 \times 0.04 \times v_2$$

$$v_1 = 3.98 \text{ m/s}, \quad v_2 = 1.99 \text{ m/s}$$

$$\frac{3.98^2}{2 \times 9.8} + \frac{10\,000}{1\,000 \times 9.8} = \frac{1.99^2}{2 \times 9.8} + \frac{p_2}{1\,000 \times 9.8}, \quad p_2 = 15.9 \text{ kPa} \quad \diamondsuit$$

例題 3.5 図 3.13 のように，大きな水槽に水を入れ，側壁下部に小孔をあけて水を流出させる。このとき小孔を出た直後の流出速度 v を求めよ。

図 3.13

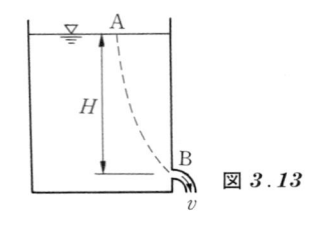

【解答】 水槽の水面 A 点と小孔をくぐり抜けた直後の B 点を考え，B 点を基準高さとしてベルヌーイの定理を適用する。両点では大気に接しているため，圧力は 0 となる。

$$\frac{v_A{}^2}{2g} + H + 0 = \frac{v_B{}^2}{2g} + 0 + 0$$

連続の式から理解されるように，水槽断面積が小孔断面積に比較してかなり大きいため，水面の降下速度はかなり遅くなる。したがって $v_A \approx 0$ とし，$v_B = v$ であるから次式が得られる。

$$v = \sqrt{2gH}$$

小孔から水の噴出する速度は，深さの平方根に比例する。また，この関係を**トリチェリの定理**（Torricelli theorem）という。 ◇

例題 3.6 図 3.14 のような水槽底面に細い管を継いで水を流している。管内流速 v と点 B および C の圧力を求めよ。ただし，点 B は細管に入った箇所で，管の直径は一定とする。

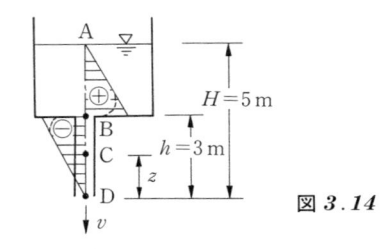

図 3.14

【解答】 それぞれの点にベルヌーイの式を適用する。

$$\frac{v_A{}^2}{2g} + z_A + \frac{p_A}{\rho g} = \frac{v_B{}^2}{2g} + z_B + \frac{p_B}{\rho g} = \frac{v_C{}^2}{2g} + z_C + \frac{p_C}{\rho g} = \frac{v_D{}^2}{2g} + z_D + \frac{p_D}{\rho g}$$

点 A，D では大気圧なので圧力は 0 となり，点 B，C，D では管径が一定なので流速が等しい。また，点 A は水槽断面積が大きくて流速が無視できるものとし

$v_A = 0,$ $v_B = v_C = v_D = v,$ $z_A = H$
$z_B = h,$ $z_C = z,$ $z_D = 0,$ $p_A = p_D = 0$

を代入する。

$$H = \frac{v^2}{2g} + h + \frac{p_B}{\rho g} = \frac{v^2}{2g} + z + \frac{p_C}{\rho g} = \frac{v^2}{2g}$$

$$v = \sqrt{2gH} = \sqrt{2g \times 5} = 9.9 \text{ m/s}$$

$$\frac{p_B}{\rho g} = -h, \quad p_B = -\rho g h = -1\,000 \times 9.8 \times 3 = -29.4 \text{ kPa}$$

$$\frac{p_C}{\rho g} = -z, \quad p_C = -\rho g z$$

圧力分布を示すと，図の実線のように水槽の中では静水圧分布になり，細い管の中では上方にいくほどその分だけ直線的に圧力は低くなる。すなわち，位置エネルギーが増加する分だけ圧力エネルギーが小さくなる。実際には，細管付近で流速は徐々に変化するため，圧力分布は点線のように滑らかな形状になる。   ◇

3.5 ベルヌーイの定理の応用

本節では，ベルヌーイの定理を応用して流速および流量が測定できる器具や考え方について説明する。

3.5.1 ピトー管

水路内の流速を測るために**ピトー管**（Pitot tube）を用いる方法がある。管水路と開水路の両者について，その原理を説明する。流水の中に直角に折り曲げた細管を入れると，**図 3.15** のように水位が上昇する。これは，管の入口で流水が止められ，圧力が上昇することによって，静水圧に**動水圧**（dynamic

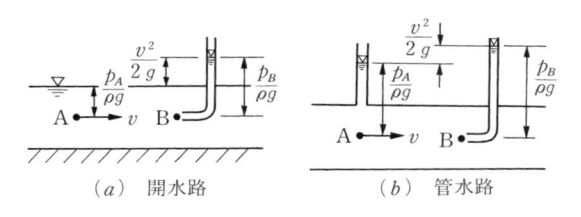

図 3.15 ピトー管の原理

pressure）が加わり，**総圧**（total pressure）が働くためである。このような管入口や流れに向かった物体表面において，流れ方向の流速が0となり圧力が高くなる点は，**よどみ点**（stagnation point）と呼ばれる。

ここで，点Aとよどみ点Bでベルヌーイの定理を適用し，点AおよびBが水平面上にあることを考えて整理すると

$$\frac{v^2}{2g} + \frac{p_A}{\rho g} = \frac{p_B}{\rho g}$$

となる。

$$\frac{p_B}{\rho g} - \frac{p_A}{\rho g} = h$$

とおくと

$$v = \sqrt{2gh}$$

となり流速が求まる。器具において，点AとBを重ねて，測定を簡便にしたものが実際のピトー管である。現実には，損失が考えられるので

$$v = C_v\sqrt{2gh} \qquad (3.12)$$

と表される。C_v は**流速係数**（coefficient of velocity）と呼ばれ，1より若干小さいが，ふつう $C_v \approx 1$ と考えてよい。

3.5.2 ベンチュリメーター

図3.16 のように管水路に断面縮小部を設けて，そのときの圧力差を利用して，流量を求める装置をベンチュリメーターという。いま，断面①および②における流速，圧力の強さ，断面積をそれぞれ v_1，p_1，A_1 および v_2，p_2，A_2 とし，水平に置いた状態を考えて，断面①，②間でエネルギーの損失がないとすれば，ベルヌーイの式より次式が得られる。

$$\frac{v_1^2}{2g} + \frac{p_1}{\rho g} = \frac{v_2^2}{2g} + \frac{p_2}{\rho g}$$

$$\therefore \quad \frac{p_1}{\rho g} - \frac{p_2}{\rho g} = h = \frac{v_2^2}{2g} - \frac{v_1^2}{2g}$$

連続の式より v_1，v_2 を消去すると式（3.13）が得られる。

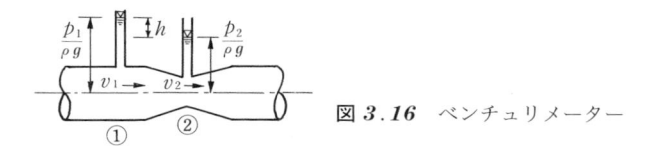

$$Q = \frac{A_1 A_2}{\sqrt{A_1^2 - A_2^2}} \sqrt{2gh} \tag{3.13}$$

現実にはエネルギー損失が生じるので，式 (3.13) に流量係数を掛ける必要がある。

例題 3.7 図 3.17 のように橋脚（pier）に洪水が当たって水面が 0.5 m 上昇した。このときの流速を求めよ。

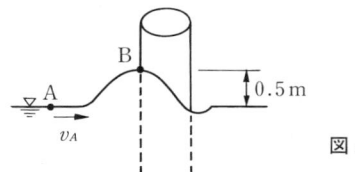

図 3.17

【解答】

$$\frac{v_A^2}{2g} + z_A + \frac{p_A}{\rho g} = \frac{v_B^2}{2g} + z_B + \frac{p_B}{\rho g}$$

点 B は，橋脚の前面でよどみ点となり $v_B = 0$, $z_B - z_A = 0.5\,\mathrm{m}$, $p_A = p_B = 0$ であるから

$$\frac{v_A^2}{2g} = 0.5$$

が得られる。

$$v_A = \sqrt{2 \times 9.8 \times 0.5} = 3.13\,\mathrm{m/s} \qquad \diamondsuit$$

例題 3.8 図 3.18 のようにベンチュリメーターが鉛直に置かれているとき，管内を流れる流量を求めよ。ただし，差圧計内の液体は比重 13.6 の水銀とする。

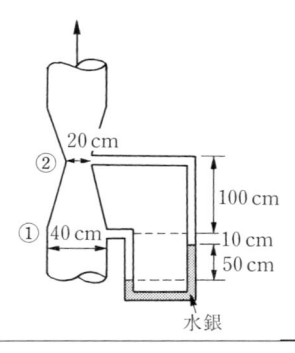

【解答】 連続の式（3.6）より

$$v_1 = \frac{A_2}{A_1} v_2 = \frac{v_2}{4}$$

断面①を基準にベルヌーイの式を考えると

$$\frac{v_1^2}{2g} + 0 + \frac{p_1}{\rho g} = \frac{v_2^2}{2g} + 1.0 + \frac{p_2}{\rho g}$$

$$\frac{p_1}{\rho g} - \frac{p_2}{\rho g} = \frac{v_2^2}{2g} - \left(\frac{1}{4}\right)^2 \frac{v_2^2}{2g} + 1.0$$

$$= \frac{15}{16} \frac{v_2^2}{2g} + 1.0 \quad \cdots\cdots\cdots\cdots\cdots\cdots ①$$

差圧計に対しては，同じ液体でつながった同じ高さの圧力は等しいので

$$p_1 + \rho g \times 0.6 = p_2 + 13.6 \times \rho g \times 0.5 + \rho g \times 1.1$$

$$\frac{p_1}{\rho g} - \frac{p_2}{\rho g} = 7.3 \quad \cdots\cdots\cdots\cdots\cdots\cdots\cdots\cdots ②$$

式①，②より

$$7.3 = \frac{15}{16} \frac{v_2^2}{2g} + 1.0$$

$$v_2 = 11.48 \text{m/s}$$

$$Q = v_2 A_2 = 0.361 \text{m}^3/\text{s} \qquad \diamondsuit$$

3.6　運動量方程式

　物理学では固体の運動に対する運動量方程式を学んだ。本節では定常流れにおける流体の運動に対する運動量方程式を学習する。

　ニュートンの運動の第二法則は式（3.14），（3.15）のように変形される。

3.6 運動量方程式

$$F = ma = m\frac{d\boldsymbol{v}}{dt} \qquad (3.14)$$

$$\therefore \boldsymbol{F}dt = md\boldsymbol{v} \qquad (3.15)$$

ここに，F：力　dt：微小時間　m：質量　$d\boldsymbol{v}$：速度の変化量である。

式（3.15）が運動量方程式で，左辺 $\boldsymbol{F}dt$ は**力積**（impulse），右辺 $md\boldsymbol{v}$ は**運動量**（momentum）の変化量である。

流体の場合について，単位時間で考える。ある領域から流出する運動量 $\rho Q\boldsymbol{v}_2$ と流入する運動量 $\rho Q\boldsymbol{v}_1$ を式（3.15）に代入すれば

$$\boldsymbol{F} = \rho Q(\boldsymbol{v}_2 - \boldsymbol{v}_1) \qquad (3.16)$$

となる。

すなわち，運動量の変化は力積に等しく，単位時間当りの運動量変化は外部からその物体に働く力に等しいということができる。また，力と速度はベクトル量なので，例えば二次元なら x，y 方向に分解して考えることができる。

流体に働く力としては，重力のように質量そのものに働く質量力と，下記で説明する検査面に直角に働く圧力および粘性によって平行に働く摩擦力がある。圧力と摩擦力は検査面の表面に働くので表面力と呼ばれるが，完全流体において摩擦力は無視される。

図 3.19 のような定常な管路流れを考え，運動量方程式を適用する。力 F は管が縮小するために生じる管壁からの反力である。実線内（断面①〜②）にあった流体が単位時間後に断面①′〜②′部分へ移動したとする。断面①′〜②部分の流体は単位時間の間運動量は不変である。したがって，単位時間の間に断面①〜①′内の運動量と断面②〜②′内の運動量がどれだけ変化したかを考えればよい。その運動量の変化が水圧と反力および流体の重量によっ

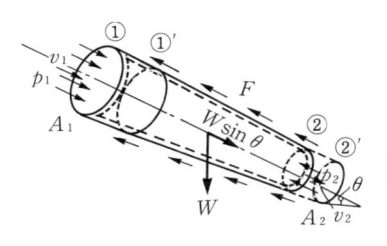

図 3.19 運動量の変化と流体に働く力

て生じたと考えることができる。

$$p_1 A_1 - p_2 A_2 - F + W \sin\theta = \rho Q (v_2 - v_1) \qquad (3.17)$$

このように断面①～②部分の流体の移動を追って運動量の変化を考察したが，この方法のかわりに空間的に固定された境界面（断面①および②）を通って輸送される運動量を計算してもよい。一般にこのように設定された境界面を**検査面**（control surface）と呼び，このような境界面で囲まれた領域を**コントロールボリューム**（control volume）または**検査領域**という。

以上のように運動量方程式は，コントロールボリュームに囲まれた流体に加えられる外力と，その力の方向における運動量変化との関係を表す。また運動量方程式は，例えば渦（**7.5.1**項参照）を伴った流れなどのように流体内部の流れの状態（条件）が不明であっても，検査面での条件がわかれば容易に解ける利点を有している。なお，運動量方程式を解く際には，検査領域を図中に明示すると理解が容易になる。

例題 3.9 図 **3.20** に示すように，内径 D の円管からの噴流が v の速度で壁に衝突している。このとき，壁面が噴流から受ける力を求めよ。また，壁が噴流に向かって v_1 の速度で進むときと，噴流から v_2 の速度で逃げるときにはどうなるか。ただし，$v > v_2$ とする。

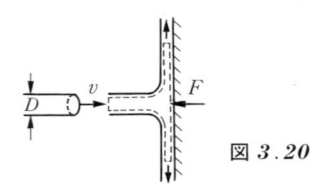

図 **3.20**

【**解答**】 図の破線のような検査領域を仮定して，運動量方程式（3.16）に代入する。壁面が噴流から受ける力は，検査領域の外部から噴流に与えられる力に等しいので，F は図のように考える。さらに，左断面の力は大気圧なので0になる。

$$0 - F = \rho Q (0 - v)$$

$$F = \rho \frac{\pi}{4} D^2 v^2$$

壁面が噴流と逆方向に進むときには相対速度を考えるとよい。

$$0 - F = \rho A(v + v_1)\{0 - (v + v_1)\}$$

$$F = \rho A(v + v_1)^2 = \rho \frac{\pi}{4} D^2 (v + v_1)^2$$

壁面と噴流が同一方向のときにも相対速度を考える。

$$0 - F = \rho A(v - v_2)\{0 - (v - v_2)\}$$

$$F = \rho A(v - v_2)^2 = \rho \frac{\pi}{4} D^2 (v - v_2)^2 \qquad \diamondsuit$$

例題 3.10 図 3.21 のようにノズルを水平に置き,水を壁面に噴出させたとき,ノズルおよび壁面に働く力をそれぞれ求めよ。ただし,管の直径を 5 cm,ノズルの直径を 2.5 cm,管内の水圧を 0.3 MPa とし,噴流の直径も 2.5 cm で変わらないものとする。

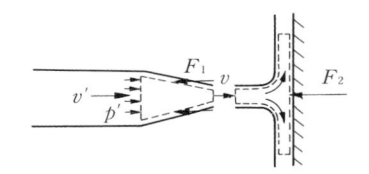

図 3.21

【解答】 連続の式より

$$\frac{\pi}{4} \times 0.05^2 \times v' = \frac{\pi}{4} \times 0.025^2 \times v$$

$$v' = \frac{1}{4} v$$

となり,ベルヌーイの定理よりつぎのようになる。

$$\frac{(v/4)^2}{2 \times 9.8} + \frac{0.3 \times 10^6}{1\,000 \times 9.8} = \frac{v^2}{2 \times 9.8}$$

$$\frac{v^2}{2 \times 9.8} \left(\frac{15}{16}\right) = \frac{0.3 \times 10^6}{1\,000 \times 9.8}$$

$$v = 25.3 \text{m/s}, \qquad v' = 6.32 \text{m/s}$$

$$Q = 6.32 \times \frac{\pi}{4} \times 0.05^2 = 0.012\,4 \text{m}^3/\text{s}$$

ノズル内に点線のような検査領域を仮定すると,つぎのように求まる。

$$p'A - F_1 = \rho Q(v - v')$$

$$F_1 = 0.353 \text{ kN}$$

また,壁面付近でも検査領域を考えると,つぎのように求まる。

$$0 - F_2 = \rho Q(0 - v)$$
$$F_2 = \rho Q v$$
$$= 1\,000 \times 0.012\,4 \times 25.3$$
$$= 313.7\,\text{N} = 0.314\,\text{kN}$$

なお，鉛直方面の力は打ち消し合うので考慮していない。　◇

例題 3.11　図 3.22 のように，$Q_1 = 0.2\,\text{m}^3/\text{s}$，$v_1 = 50\,\text{m/s}$ の噴流が平板に 30°の角度で衝突するときの板の反力を求めよ。また，平板上で摩擦抵抗がないものとすると，Q_2，Q_3 はそれぞれいくらになるか。

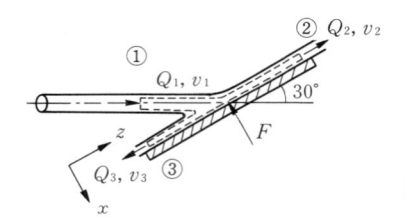

図 3.22

【解答】　壁面に直角な方向 x 軸と，壁面に沿う方向 z 軸に分けて考えると扱いが簡単になる。

x 軸方向の運動量方程式は
$$0 - F = 0 - \rho Q_1 v_1 \sin 30°$$
$$F = 1\,000 \times 0.2 \times 50 \times 1/2 = 5\,000\,\text{N} = 5.0\,\text{kN}$$

z 軸方向の運動量方程式は
$$0 = \rho(Q_2 v_2 - Q_3 v_3 - Q_1 v_1 \cos 30°)$$

となる。一方，$v_1 = v_2 = v_3$，$Q_1 = Q_2 + Q_3$ であるから
$$Q_2 - Q_3 - Q_1 \cos 30° = 0$$
$$Q_1 = Q_2 + Q_3$$

となる。二式より Q_3 を消去してつぎの結果を得る。
$$2Q_2 - Q_1(1 + \cos 30°) = 0$$
$$Q_2 = \frac{0.2 \times 1.866}{2} = 0.187\,\text{m}^3/\text{s}$$
$$Q_3 = Q_1 - Q_2 = 0.013\,\text{m}^3/\text{s}$$
　◇

例題 3.12　図 3.23 のように，直径 4 cm の噴流が曲面板に当たり，135°曲げられているとき，この板を支えるのに要する力を求めよ。

3.7 運動量方程式の応用   55

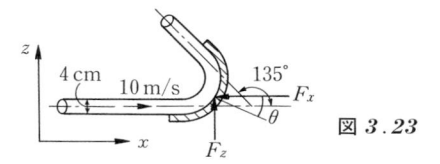

図 3.23

【解答】 x 方向については
$$-F_x = \rho Q\,(-v\cos 45° - v)$$
$$F_x = \rho Q v\,(1 + \cos 45°) = 1\,000 \times \frac{\pi}{4} \times 0.04^2 \times 10^2 \times (1 + \cos 45°)$$
$$= 214.5\,\text{N}$$
となる。z 方向については
$$F_z = \rho Q\,(v\sin 45° - 0) = 1\,000 \times \frac{\pi}{4} \times 0.04^2 \times 10^2 \sin 45°$$
$$= 88.9\,\text{N}$$
となる。合力はそれぞれの分力を合成することによりつぎのようになる。
$$F = \sqrt{F_x^2 + F_z^2} = 232.2\,\text{N}$$
合力の向きは $\tan\theta = F_z/F_x$ より $\theta = 22.5°$ を得る。   ◇

3.7 運動量方程式の応用

実用的問題として，図 3.24 のようなゲートに働く単位幅当りの力を，運動量方程式から求める方法を説明する。検査領域を破線のように考え，ここでは水平方向の力のみが働いているものとする。

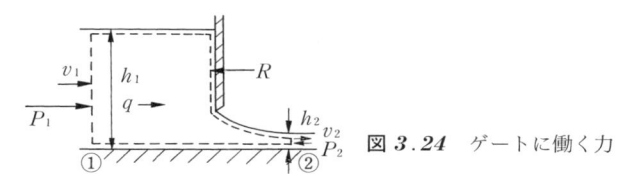

図 3.24 ゲートに働く力

断面①に働く力（静水圧）　　$\rho g h_1^2/2$

断面②に働く力（静水圧）　　$\rho g h_2^2/2$

ゲートが水を押す力　　R

運動量方程式（3.16）より式（3.18）が成立する。

56   3. 流れの基礎理論

$$\frac{\rho g h_1^2}{2} - \frac{\rho g h_2^2}{2} - R = \rho v_2^2 h_2 - \rho v_1^2 h_1 \qquad (3.18)$$

単位幅流量を q とすると，R は式（3.19）のように整理される。

$$R = \frac{\rho g (h_1^2 - h_2^2)}{2} - \rho q (v_2 - v_1) \qquad (3.19)$$

つぎに，断面①および②にベルヌーイの定理を適用すると次式を得る。

$$\frac{v_1^2}{2g} + h_1 = \frac{v_2^2}{2g} + h_2$$

連続の式を用いて整理すれば

$$q = \sqrt{\frac{2g}{h_1 + h_2}}\, h_1 h_2 \qquad (3.20)$$

になる。連続の式（3.6）より $q = v_1 h_1 = v_2 h_2$ と表せるので，式（3.19）よりゲートを押す力 R が求まる。

例題 3.13 図 3.25 のような堰を越える流れにおいて，単位幅流量が $q = 1.7\,\mathrm{m^3/s}$ のとき，堰幅 1 m 当りにかかる力を求めよ。

図 3.25

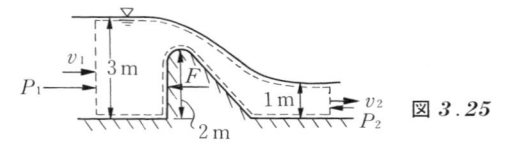

【解答】 破線のように，条件が明確な断面間に検査領域を仮定し運動量方程式を立てる。

$$P_1 - P_2 - F = \rho q (v_2 - v_1)$$

$$P_1 = \frac{\rho g h_1^2}{2} = 44.1\,\mathrm{kN}, \qquad P_2 = \frac{\rho g h_2^2}{2} = 4.9\,\mathrm{kN}$$

$$v_1 = 0.567\,\mathrm{m/s}, \qquad v_2 = 1.7\,\mathrm{m/s}, \qquad F = 37.3\,\mathrm{kN} \text{ が求まる。} \qquad \diamondsuit$$

例題 3.14 長波の伝播速度を運動量方程式より導け。

【解答】 波の速さと同じ速度で移動しながら観察すると波は静止して見える。検査領域を図 3.26 のようにとると，検査領域に流入する水の速度は c となり，流出する水の速度を v として単位幅当りについて考えると，連続の式より次式が得られる。

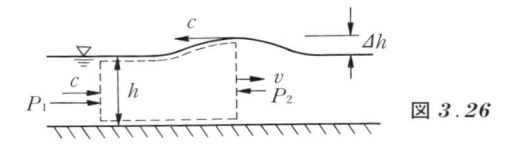

図 3.26

$$ch = v(h + \Delta h)$$

さらに，運動量方程式より次式が得られる．

$$P_1 - P_2 = \rho q (v - c)$$

$$\rho g \left\{ \frac{h^2}{2} - \frac{(h + \Delta h)^2}{2} \right\} = \rho \{v^2(h + \Delta h) - c^2 h\}$$

$(\Delta h)^2$ は微小なので無視し，v を消去して整理すると

$$c = \sqrt{g(h + \Delta h)}$$

となる．長波は水深に比べて波高が小さいことも考慮すると $c = \sqrt{gh}$ になる．なお，津波も長波の一種なので，津波の速度も同じ式で求められる． ◇

コーヒーブレイク

中国古典にみる，水をたとえにする言葉あれこれ

　中国の古典をひも解くと，水をたとえにする言葉がたくさん紹介されているが，ここに私の好きな3編を紹介する．

上善は水の如(ごと)し（老子）

　水は方円の器(うつわ)に従う柔軟さ，低いところに身を置く謙虚さ，秘めたるエネルギーの三つの特徴をもっている．

知者は水を楽しみ，仁者は山を楽しむ（論語）

　知者の頭からは，知謀が水のようにつぎつぎと湧(わ)き出て，尽きることがない．仁者は世の中の動きに超然として自分の内面世界を守り，山の如くいささかも動かない．

智はなお水の如し，流れざるときは則(すなわ)ち腐る（宋名臣言行録）

　水はたえず流れていないと腐ってしまい，飲み水として使えなくなる．智もそれと同じように，絶えず使っていないと，さびついて使いものにならなくなる．

演 習 問 題

【1】 問図 3.1 のように 3 種類の管が接続されている。流量 Q を流した場合の平均流速の比 $v_1 : v_2 : v_3$ を求めよ。

問図 3.1

問図 3.2

【2】 問図 3.2 のような円形水路に流量 $1.5\,\mathrm{m^3/s}$ の水を流すと最大水深が $0.75\,\mathrm{m}$ となった。平均流速および径深を求めよ。

【3】 問図 3.3 のような水路に $8\,\mathrm{m^3/s}$ の水が流れている。底面を基準としたときの流れの全水頭（これを比エネルギーと呼ぶ）を求めよ。

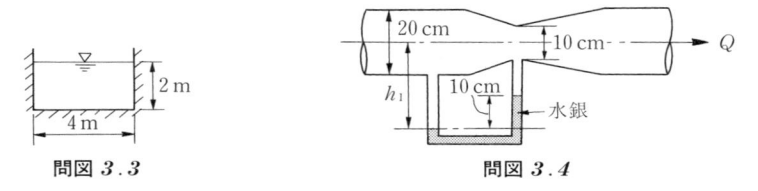

問図 3.3

問図 3.4

【4】 問図 3.4 に示すように，ベンチュリメーターにマノメーターを接続して水を流すと，$h = 10\,\mathrm{cm}$ であった。流量係数を 0.90，水銀の比重を 13.6 として，このときの流量を求めよ。

【5】 問図 3.5 に示すように，内径 60 cm の円管が内径 30 cm の円管に 30° の角度で短い縮小管によって接続されて水平に置かれている。流量 $0.3\,\mathrm{m^3/s}$ の水が流れ，太い管内の圧力が $200\,\mathrm{kPa}$ である場合，縮小管に作用する力を求めよ。

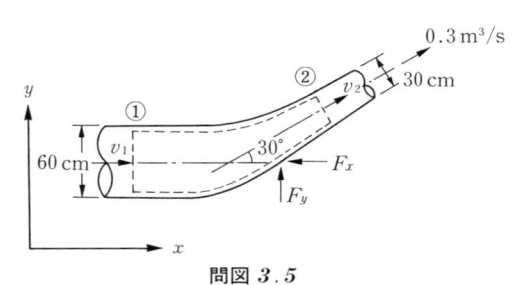

問図 3.5

【6】 問図 **3.6** のように,大きな水槽の深さ 2 m の箇所に内径 5 cm の短い円管が取り付けられている。円管の先端に平板を当てて水を止めるのに要する水平力 F_{x1} を求めよ。つぎに,平板を円管の先端から少し離して水を流出させて,平板を支えるのに要する水平力 F_{x2} を求めよ。ただし,この場合の流出係数は 1 とする。

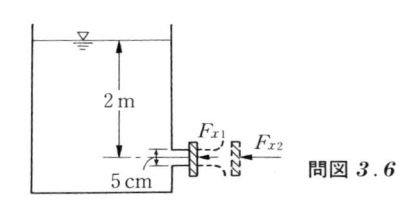

問図 **3.6**

4

オリフィス，水門および堰

　本章ではまずベルヌーイの定理を適用して小形オリフィス，大形オリフィスの流量公式を導く。大形オリフィスの上端を自由水面に一致させると堰の流量公式になる。三角形，四角形，台形の形をしたオリフィスや堰と水門などの流量公式について説明する。

4.1 オリフィス

　水槽の底または側壁に設けた孔の全面から水の流出するものを**オリフィス** (orifice) という。

4.1.1 小形オリフィス

　オリフィス断面が小さく，流出速度が断面内でほぼ一様と考えられるものを小形オリフィスという。**図 4.1** のようなオリフィスの中心までの深さが H の水槽がある。基準面をオリフィスの中心にとり，同一流線上の二点 A，B にベルヌーイの定理を適用すると

$$\frac{v_A^2}{2g} + z_A + \frac{p_A}{\rho g} = \frac{v_B^2}{2g} + z_B + \frac{p_B}{\rho g} = \text{const.} \tag{4.1}$$

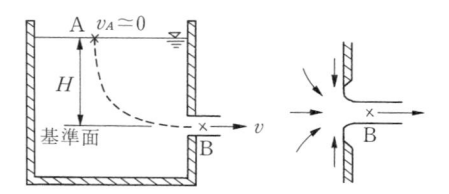

図 4.1 小形オリフィス

となる．水槽が十分大きい場合には水面低下量は無視でき，A点での流速は0と考えられる．また，水槽内の圧力は静水圧分布である．B点では断面が最も収縮し，流れも水平に一様で，圧力は大気圧に等しい．この最も収縮する断面を**ベナコントラクタ**（vena contracta）という．したがって

$$\left.\begin{array}{l} 0 + H + 0 = \dfrac{v_B{}^2}{2g} + 0 + 0 \\ H = \dfrac{v_B{}^2}{2g} \\ v = v_B = \sqrt{2gH} \end{array}\right\} \quad (4.2)$$

となり，流出速度は水深の平方根に比例する．これを**トリチェリの定理**という．

ベナコントラクタの断面積 a_0 とオリフィスの断面積 a との比を収縮係数 C_c といい，式 (4.3) で表される．

$$C_c = \frac{a_0}{a} \quad (4.3)$$

また，実際のB点での流速は理論流速 v に**流速係数** C_v を掛けたものとして表現し

$$v_B = C_v\sqrt{2gH} \quad (4.4)$$

である．ここに，$C_v = 0.95 \sim 0.99$，薄刃形のオリフィスでは $C_c = 0.6 \sim 0.7$ 程度である．

以上からオリフィスの流量 Q は

$$Q = v_B a_0 = C_v C_c a\sqrt{2gH} = Ca\sqrt{2gH} \quad (4.5)$$

となる．ここに，$C = C_v C_c$ で C を流量係数と呼ぶ．$C = 0.6$ 程度である．

例題 4.1 図 4.2 に示すような断面積 a の鉛直オリフィスが取り付けられた水槽がある．水面に大気圧 p_0 が作用する場合(I)と，さらに圧力 p が作用する(p_0+p)場合(II)の二つの場合を考える．(II)の場合の流量 Q_{II} が(I)の場合の流量 Q_I の2倍になるときの圧力 p はいくらか．ただし，オリフィス中心からの水位 h，オリフィスの断面積 a，流量係数 C は同じであると考える．

4. オリフィス，水門および堰

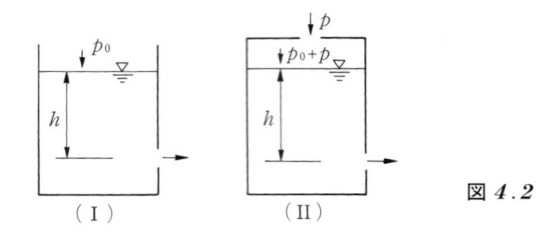

図 4.2

【解答】 $Q_\mathrm{I} = Cav = Ca\sqrt{2gh}$

$Q_\mathrm{II} = Ca\sqrt{2g\left(h + \dfrac{p}{\rho g}\right)} = 2 \times Q_\mathrm{I} = 2Ca\sqrt{2gh}$

∴ $p = 3\rho gh$　　◇

4.1.2 大形オリフィス

トリチェリの定理からわかるように，断面が大きい場合は深さ方向に放物線形に流速が変化し，孔断面の中心の流速を平均流速とみなすと誤差が大きくなる。このような場合を大形オリフィスといい，断面を水平な層に小さく分割し，そのおのおのの流量の和を求める。

図 4.3 のような大形オリフィスを考える。鉛直断面内の流速は放物線分布である。高さ dz に微小分割された水平な帯状部分の幅は深さ z の関数であるので，$b(z)$ とすると，微小部分の面積 $a(z)$ は次式となる。

$a(z) = b(z)dz$

深さ z での理論流速は

$v(z) = \sqrt{2gz}$

となり，この微小断面での流量係数を C_1 とすると微小断面からの流量 dQ は

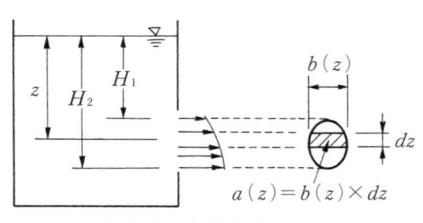

図 4.3　大形オリフィス　　　図 4.4　接近流速

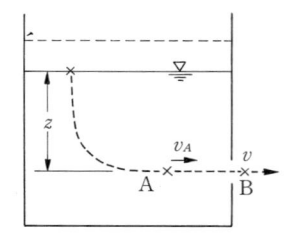

$$dQ = C_1 a(z) v(z) = C_1 b(z) \sqrt{2gz}\, dz$$

となる。オリフィス全断面で積分して全流量 Q は，式（4.6）で表される。

$$Q = C_1 \int_{H_1}^{H_2} \sqrt{2gz}\, b(z) dz \tag{4.6}$$

大形オリフィスは流量が大きくなるので，水槽が小さい場合は水槽の中の水にもかなりの流速がみられる。この流速を**接近流速**（approaching velocity）という。図 *4.4* の同一流線上の二点 A，B にベルヌーイの定理を適用すると

$$\left. \begin{array}{l} \dfrac{v_A{}^2}{2g} + z = \dfrac{v^2}{2g} \\[2mm] v = \sqrt{2g\left(z + \dfrac{v_A{}^2}{2g}\right)} = \sqrt{2g\left(z + h_A\right)} \end{array} \right\} \tag{4.7}$$

となる。ここに，$h_A = v_A{}^2/(2g)$ を接近流速水頭という。接近流速が無視できない場合は，流速の計算式において，z のかわりに $z + h_A$ を用いなければならない。

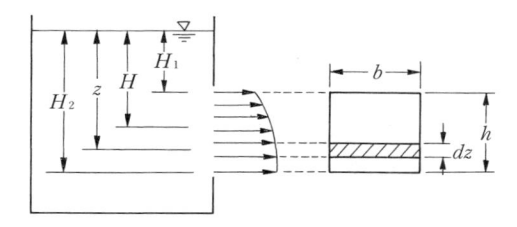

以下に大形オリフィスのうち，長方形大形オリフィス，円形大形オリフィス，三角形大形オリフィスについて考える。

〔*1*〕 **長方形大形オリフィス**　　図 *4.5* のような長方形大形オリフィスを考える。オリフィスの幅が b で一定，水深が上縁で H_1，下縁で H_2 の長方形オリフィスに対しては式（4.6）より

$$Q = C_1 b \sqrt{2g} \int_{H_1}^{H_2} \sqrt{z}\, dz = C_1 b \sqrt{2g} \left[\frac{2}{3} z^{3/2}\right]_{H_1}^{H_2} = \frac{2}{3} C_1 b \sqrt{2g} \left[H_2^{3/2} - H_1^{3/2}\right] \tag{4.8}$$

図 *4.5*　長方形大形オリフィス

となる。接近流速を考慮する場合は，式 (4.9) のようになる。

$$Q = \frac{2}{3} C_1 b \sqrt{2g} \left[(H_2 + h_A)^{3/2} - (H_1 + h_A)^{3/2}\right] \qquad (4.9)$$

大形オリフィスの場合でも，オリフィスの中心の水深 H を用いて流量を表すことができる。$H_1 = H - h/2$, $H_2 = H + h/2$ を式 (4.8) に代入し，二項定理で級数展開すれば

$$Q = C_1 \left[1 - \frac{1}{96}\left(\frac{h}{H}\right)^2 - \frac{1}{2\,048}\left(\frac{h}{H}\right)^4 - \cdots\right] bh\sqrt{2gH}$$
$$= Cbh\sqrt{2gH}$$

となる。

〔**2**〕 **円形大形オリフィス**　図 **4.6** のような半径 r の円形オリフィスを考える。中心は水深 H の位置にある。ここで

$b = 2r \sin\theta$

$z = H - r \cos\theta$

$dz = r \sin\theta \, d\theta$

$$Q = C_1 \sqrt{2g} \int_{H-r}^{H+r} b\sqrt{z} \, dz = 2C_1 r^2 \sqrt{2gH} \int_0^\pi \sin^2\theta \left(1 - \frac{r}{H}\cos\theta\right)^{1/2} d\theta$$

$$\int_0^\pi \sin^2\theta \left(1 - \frac{r}{H}\cos\theta\right)^{1/2} d\theta$$

$$= \int_0^\pi \sin^2\theta \left[1 - \frac{1}{2}\frac{r}{H}\cos\theta - \frac{1}{8}\left(\frac{r}{H}\cos\theta\right)^2 - \frac{1}{16}\left(\frac{r}{H}\cos\theta\right)^3 - \cdots\right] d\theta$$

$$= \frac{1}{2}\pi - \frac{\pi}{64}\left(\frac{r}{H}\right)^2 - \frac{5\pi}{2\,048}\left(\frac{r}{H}\right)^4 - \cdots$$

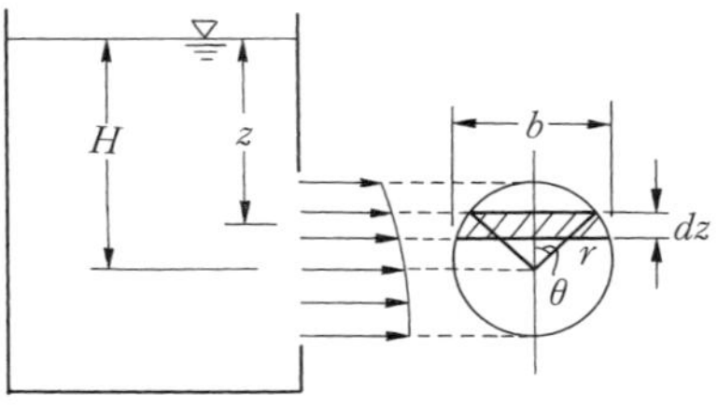

図 **4.6**　円形大形オリフィス

である。ゆえに

$$Q = C_1 \pi r^2 \sqrt{2gH} \left[1 - \frac{1}{32}\left(\frac{r}{H}\right)^2 - \frac{1}{1024}\left(\frac{r}{H}\right)^4 - \cdots \right]$$
$$= C \pi r^2 \sqrt{2gH} \qquad (4.10)$$

となる。

〔3〕 **直角三角形大形オリフィス**　図 4.7 のような直角三角形オリフィスがある。深さ z での微小帯状面積 $a(z)$ は

$$a(z) = b(z)dz$$

$$b(z) = \frac{b}{H_2 - H_1}(H_2 - z)$$

となり，流量 Q は式（4.11）のように表される。

$$Q = C_1 \int_{H_1}^{H_2} \sqrt{2gz}\, b(z)dz = C_1 \sqrt{2g}\, \frac{b}{H_2 - H_1} \int_{H_1}^{H_2} (H_2 - z)\sqrt{z}\, dz$$
$$= C_1 \frac{b}{H_2 - H_1} \sqrt{2g} \left[\frac{2}{3} H_2 (H_2^{3/2} - H_1^{3/2}) - \frac{2}{5}(H_2^{5/2} - H_1^{5/2}) \right]$$
$$(4.11)$$

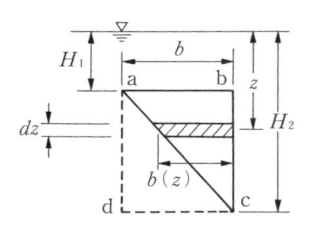

図 4.7　直角三角形大形オリフィス

図 4.7 のような直角三角形オリフィス（△ adc）に対しては，長方形オリフィス（□ abcd）から直角三角形オリフィス（△ abc）の流量を差し引いて式（4.12）のように求められる。

$$Q = C_1 \frac{b}{H_2 - H_1} \sqrt{2g} \left[\frac{2}{5}(H_2^{5/2} - H_1^{5/2}) - \frac{2}{3} H_1 (H_2^{3/2} - H_1^{3/2}) \right]$$
$$(4.12)$$

4.1.3　潜りオリフィス

オリフィスから水槽，水路などの水中に流出するものを潜りオリフィスとい

う。出口の全断面が水中にある場合を完全潜りオリフィス，断面の一部が水中にある場合を不完全潜りオリフィスという。

完全潜りオリフィスについて考える。図 4.8 のように同一流線上の二点 A，B にベルヌーイの定理を適用すると，A 点での流速 $v_A = 0$，圧力 $p_A = \rho g h_1$，B 点での流速を $v_B = v$，圧力 $p_B = \rho g h_2$ であるから

$$h_1 = \frac{v^2}{2g} + h_2$$

$$v = \sqrt{2g(h_1 - h_2)} = \sqrt{2gH}$$

となり，オリフィスの断面積を a，流量係数 C を導入して流量 Q は

$$Q = Ca\sqrt{2gH} \qquad (4.13)$$

となる。接近流速 v_A を考慮する場合は，(4.14) となる。

$$Q = Ca\sqrt{2g\left(H + \frac{v_A{}^2}{2g}\right)} \qquad (4.14)$$

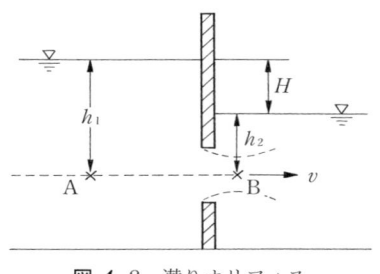

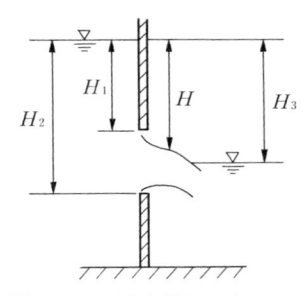

図 4.8　潜りオリフィス　　図 4.9　不完全潜りオリフィス

不完全潜りオリフィスの場合は，図 4.8 のようにオリフィスからの噴出水脈が下流の水に突入するので，流量は下流水位の高低の影響をほとんど受けない。流量は式 (4.12) ないし式 (4.13) を使用する。ただし，この場合の H は図 4.9 に示すように，上流側の水槽水面と下流側のベナコントラクタのところの水脈上面との間の高低差をとる。流量係数としては普通のオリフィスの場合の値を使用する。ただし，下流水面がオリフィス上縁に近づくと流量も影響を受けて，流量係数の値が小さくなる。

例題 4.2 図 4.10 のような直径 30 mm の円形潜りオリフィスがある。流量 Q を求めよ。流量係数 $C = 0.6$ とする。

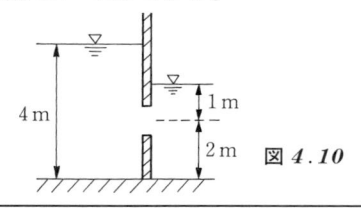

図 4.10

【解答】
$$Q = Ca\sqrt{2gH} = 0.6 \times \frac{\pi \times 0.03^2}{4} \times \sqrt{2 \times 9.80 \times (4-2-1)}$$
$$= 0.00188 \text{ m}^3/\text{s}$$
◇

4.2 オリフィスによる排水時間

小形オリフィスによって水槽の水を排水するときに要する時間を求める。オリフィスからの流出速度 v は，式 (4.2) からつぎのようになる。

$$v = \sqrt{2gz}$$

排水することによって水槽の水位は下がるので，流速はだんだんと小さくなる。同じ水量を排水するのにも水位の高い間は短時間で済むが，水位が下がってくると長時間かかることになる。

図 4.11 のようにオリフィス中央を基準高さにとり，z 軸を鉛直上向きにとる。水槽の水面が z にあるとき，その水面が dz だけ下がるに要する時間を dt

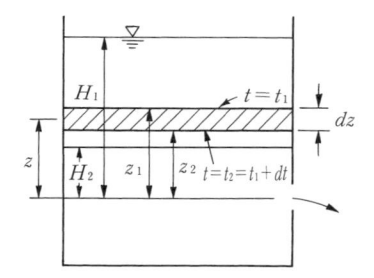

図 4.11 オリフィスからの排水

とする。水槽の水平断面積を $A(z)$ とすると，$dt = t_2 - t_1$ の間に水槽の中の減じた水量は，$z_2 - z_1 = -(z_1 - z_2) = -dz$ だから $-Adz$ となる。

オリフィスの断面積を a とする。流量係数を C とすると，オリフィスから流出した水量は $Ca\sqrt{2gz}\,dt$ となり，両者は等しいから

$$-Adz = Ca\sqrt{2gz}\,dt$$

$$dt = \frac{-Adz}{Ca\sqrt{2gz}}$$

となる。水位が H_1 から H_2 になるまでの時間 T は積分することにより

$$T = \frac{-1}{Ca\sqrt{2g}}\int_{H_1}^{H_2}\frac{A}{\sqrt{z}}dz \qquad (4.15)$$

となり，水平断面積 A が一定の場合は，式（4.16）となる。

$$T = \frac{2A}{Ca\sqrt{2g}}(H_1^{1/2} - H_2^{1/2}) \qquad (4.16)$$

例題 4.3 図 4.12 のような池があり，深さ 5 m のところに直径 $d = 20$ cm の水栓がある。この水栓を開いてから水位が 1 m 低下するのに要する時間 T_1 を求めよ。さらに，このあと 1 m 水位が低下するのに要する時間 T_2 を求めよ。池の水平面積 A は近似的に一定と考え，$A = 400$ m² である。

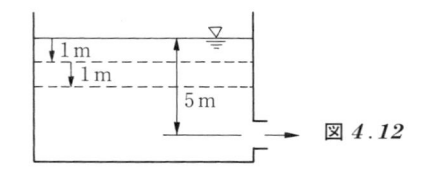

図 4.12

【解答】

$$T_1 = \frac{2A}{Ca\sqrt{2g}}\left(H_1^{1/2} - H_2^{1/2}\right)$$

$$= \frac{2 \times 400}{0.6 \times (\pi \times 0.2^2/4) \times \sqrt{2 \times 9.80}}(5^{1/2} - 4^{1/2}) = 2\,263.1\,\text{s} = 37.7\,\text{min}$$

$$T_2 = \frac{2A}{Ca\sqrt{2g}}(H_2^{1/2} - H_3^{1/2})$$

$$= \frac{2 \times 400}{0.6 \times (\pi \times 0.2^2/4) \times \sqrt{2 \times 9.80}} (4^{1/2} - 3^{1/2}) = 2\,568.8 \,\mathrm{s} = 42.8 \,\mathrm{min}$$

◇

4.3 水　　　　門

　水路に上方へ引き上げる扉を置いて流量の調節を行う設備を**水門**（gate）という。水平水路床の場合について考える。**図4.13**のように水門から出る流れには，下流水位が低い場合の自由流出（a）と高い場合の潜り流出（b）がある。

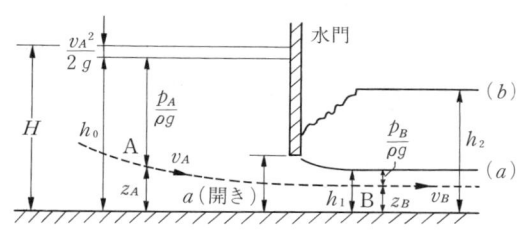

図4.13 水門からの流出

　自由流出の場合は，水門から出た流れが最小の水深 h_1 になるところで流速はほぼ水平で一様になる。同一流線上の二点 A，B にベルヌーイの定理を適用すると次式となる。

$$\frac{v_A{}^2}{2g} + z_A + \frac{p_A}{\rho g} = \frac{v_B{}^2}{2g} + z_B + \frac{p_B}{\rho g}$$

　A 点での接近流速を v_A，断面での水深が h_0，B 点での断面の水深が h_1 であるから

$$\frac{v_A{}^2}{2g} + h_0 = \frac{v_B{}^2}{2g} + h_1$$

$$v_B = \sqrt{2g(H - h_1)}$$

となる。ここに，$H = v_A{}^2/(2g) + h_0$ である。

　流量係数 C を導入して

$$Q = CaB\sqrt{2g(H - h_1)} \tag{4.17}$$

となり，潜り流出の場合にも同様にして

$$Q = CaB\sqrt{2g(H - h_2)} \tag{4.18}$$

となる。上流側水深 h_0 のみを測定することにより流量を知ることができる実用的関係式として

$$Q = C'aB\sqrt{2gh_0} \tag{4.19}$$

がある。スルースゲートに対しての流量係数 C' の実験結果（Henry の実験）を図 **4.14** に示す。

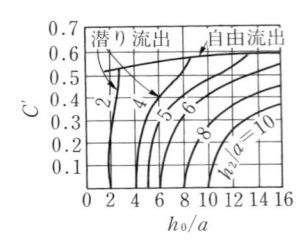

図 4.14 スルースゲートの流量係数（Henry の実験）〔土木学会：水理公式集－平成 11 年版－（1999）より引用〕

4.4 堰

　水路を横切って壁を設け，その上を水が越えて流れるものを**堰**（weir）という。断面の一部を切り欠いた堰では側面，下面から断面の収縮が起こる。切り欠いた部分が鋭い刃形の堰を刃形堰という。堰を越流する水脈を**ナップ**（nappe）といい，刃形堰のナップはつねに一定の形状を保ち越流水量に変動が少ないので，水路の流量測定には刃形堰が用いられる。

　堰を越えた水は通常，一つの水脈となって空気中を自由落下する。このとき裏側の水脈は壁面から離れて自由落下する。この状態のナップを完全ナップ（**図 4.15**）という。越流水深が小さい場合や，越流水深が大きくても下流側水深が高い場合には裏側の水脈が壁面に付着する付着ナップとなる。付着ナップの場合は，完全ナップの場合に比べて流量が増加することが**レーボック**（Rehbock）によって知られている。

　流量係数 C は無次元量であるが，JIS の四角堰，直角三角堰の係数 K は次

（a）完全ナップ　　　　　　（b）付着ナップ

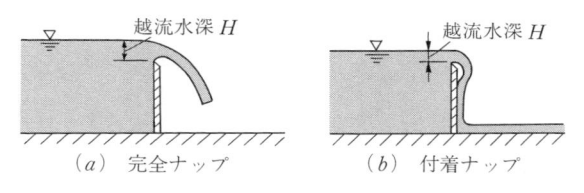

図 **4.15**　完全ナップと付着ナップ

元式が $[L^{1/2}T^{-1}]$ であるので，長さには [m]，時間は [s] を使うように統一されていることに注意する．また，JIS 公式は実験公式であるから適用範囲があることにも注意する必要がある．

4.4.1　四　角　堰

図 **4.16** のような幅 b，越流水深 H の四角堰を考える．

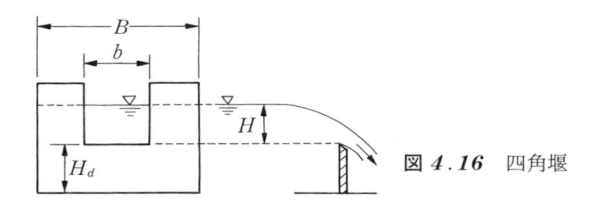

図 **4.16**　四角堰

長方形大形オリフィスの流量式 (4.8) において，$H_1 = 0$，$H_2 = H$ とおくことにより式 (4.20) を得る．

$$Q = \frac{2}{3} Cb\sqrt{2g}\, H^{3/2} \tag{4.20}$$

JIS の四角堰公式は

$$Q = KbH^{3/2}$$

$$K = 1.785 + \frac{0.00295}{H} + 0.237\frac{H}{H_d} - 0.428\sqrt{\frac{(B-b)H}{H_d B}}$$

$$+ 0.034\sqrt{\frac{B}{H_d}} \tag{4.21}$$

となっており，長さの単位は [m]，時間の単位は [s] を使うように統一されている．適用範囲は $B = 0.5 \sim 6.3\,\mathrm{m}$，$b = 0.15 \sim 5\,\mathrm{m}$，$H_d = 0.15 \sim 3.5\,\mathrm{m}$，

$bH_d/B^2 \geq 0.06$, $0.03 \leq H \leq 0.45\sqrt{b}$ [m] である。

4.4.2 全幅堰

四角堰のような切欠きがなく，越流幅が水路幅に等しい堰を全幅堰という。全幅堰の JIS 公式は

$$Q = KBH^{3/2}$$
$$K = 1.785 + \left(\frac{0.00295}{H} + 0.237\frac{H}{H_d}\right)(1+\varepsilon) \tag{4.22}$$

である。ここに，$H_d \leq 1$ m のとき $\varepsilon = 0$，$H_d > 1$ m のとき $\varepsilon = 0.55(H_d - 1)$。長さの単位は [m]，時間の単位は [s] を使用する。適用範囲は $B \geq 0.5$ m，$0.3 \leq H_d \leq 2.5$ m，0.03 m $\leq H \leq 0.8$ m，ただし $H \leq H_d$ かつ $H \leq B/4$ である。

4.4.3 三角堰

図 4.17 のような三角堰を考える。

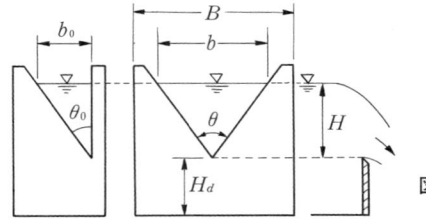

図 4.17 三角堰

三角堰は同じ流量でも四角堰に比べて越流水深が大きくなり，流量測定の精度を上げることができる。

直角三角形大形オリフィスの流量の式 (4.11) において，$H_1 = 0$，$H_2 = H$ とおくことにより

$$Q = \frac{4}{15} C \frac{b_0}{H} \sqrt{2g}\, H^{5/2} = \frac{4}{15} C \tan\theta_0 \sqrt{2g}\, H^{5/2} \tag{4.23}$$

を得る。また，二等辺三角堰の場合は式 (4.23) の 2 倍として計算すると

$$Q = \frac{8}{15} C \tan\frac{\theta}{2} \sqrt{2g}\, H^{5/2} \tag{4.24}$$

となる。角 θ が直角の場合には，JIS の直角三角堰公式は

$$Q = KH^{5/2}$$
$$K = 1.354 + \frac{0.004}{H} + \left(0.14 + \frac{0.2}{\sqrt{H_d}}\right)\left(\frac{H}{B} - 0.09\right)^2 \quad (4.25)$$

である。長さに〔m〕単位，時間に〔s〕単位を使用する。適用範囲は $0.5 \leqq B \leqq 1.2\,\mathrm{m}$，$0.1 \leqq H_d \leqq 0.75\,\mathrm{m}$，$0.07 \leqq H \leqq 0.26\,\mathrm{m}$，$H \leqq B/3$ である。

4.4.4 台 形 堰

図 4.18 のような台形堰を考える。台形堰は四角堰と三角堰の組合せとして考えられる。流量式は

$$\begin{aligned}Q &= \frac{2}{3} C_1 b_1 \sqrt{2g}\, H^{3/2} + \frac{8}{15} C_2 b_2 \sqrt{2g}\, H^{3/2} \\ &= \frac{2}{15} C(5b_1 + 4b_2)\sqrt{2g}\, H^{3/2}\end{aligned} \quad (4.26)$$

となる。

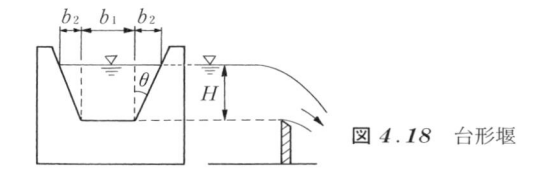

図 4.18 台形堰

4.4.5 広 頂 堰

堰の断面が台形状をなし，越流水が台の頂面に沿って流れ落ちる堰を**広頂堰** (broadcrested weir) という。広頂堰には台の頂面が水平な平面の場合と，ダムのように曲面であるものとがある。低い越流ダムは洗堰と呼ばれることがある。

図 4.19 のような広頂堰を越える流れは，堰の頂部でほぼ平行で一様になる。基準面を堰頂にとり，同一流線上の二点 A，B にベルヌーイの定理を適用すると

74　　4. オリフィス，水門および堰

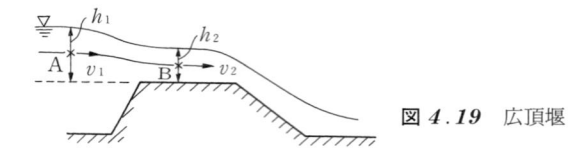

図 4.19　広頂堰

$$\frac{v_1^2}{2g} + h_1 = \frac{v_2^2}{2g} + h_2 = h_0 \tag{4.27}$$

となる。ここに，h_1 は A 点を含む断面内の堰頂から測った水深，h_2 は B 点を含む断面内の水深で，それぞれの流速を v_1, v_2 とする。式（4.27）から

$$v_2 = \sqrt{2g(h_0 - h_2)}$$

となり，流量 Q は，堰の幅を b とし，流量係数 C を導入して

$$Q = Cbh_2\sqrt{2g(h_0 - h_2)} \tag{4.28}$$

となる。堰上の水深 h_2 は限界水深と呼ばれ，**ベランジェ（Bélanger）の定理（法則）**から流量を最大とする水深である。

式（4.28）の流量 Q を最大にする水深 h_2 は

$$h_2 = \frac{2}{3}h_0$$

となる。この水深 h_2 を代入すると，式（4.29）のようになる。

$$Q = Cb\left(\frac{2}{3}\right)h_0\sqrt{\frac{2}{3}gh_0} \tag{4.29}$$

4.4.6　潜　り　堰

図 4.20 のように，堰の下流水位が堰頂より高い場合を**潜り堰**（submerged weir）という。下流の水位が比較的低い場合は①の水面形となり，堰頂部で限界水深となり，下流の水位の影響を受けない。この場合を完全越流の潜り堰といい，広頂堰として扱える。水位が比較的高い場合は②の水面形とな

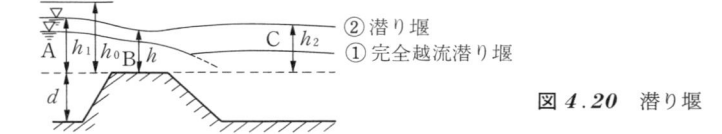

②潜り堰
①完全越流潜り堰

図 4.20　潜り堰

り堰の真上でも常流となるので，下流の水位の影響を受ける。

②の水面形について同一流線上で考える．堰上流側の A 点と堰上の B 点，堰下流側の C 点にベルヌーイの定理を適用すると

$$h_1 + \frac{v_1^2}{2g} = h + \frac{v^2}{2g} = h_2 + \frac{v_2^2}{2g} = h_0$$

$$v = \sqrt{2g(h_0 - h)}$$

となる．

堰の幅を b，流量係数を C とすると，流量 Q は

$$Q = Cbh\sqrt{2g(h_0 - h)} \tag{4.30}$$

と求まる．

下流側水深 h_2 を用いると

$$Q = Cbh_2\sqrt{2g(h_0 - h_2)} \tag{4.31}$$

となる．

4.4.7 ベンチュリフルーム

管の流量を測るベンチュリメーターに対し，開水路の流量を測る装置として**ベンチュリフルーム**（venturi flume）がある．ベンチュリメーターの場合は，管の途中に断面縮小部を設けたのに対し，ベンチュリフルームでは開水路の一部に幅の狭い部分をつくり，流速を大きくし，水位を下げる．この水位の低下量を測定し流量を知る装置である．

図 4.21 に示すように，幅が b_1 から b_2 に狭くしたため，水深が h_1 から h_2 に変化している．水路は水平床とする．

断面内で流速が一様で水平になっていると考えると

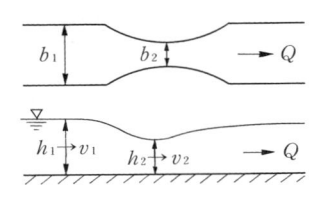

図 4.21 ベンチュリフルーム

コーヒーブレイク

洗　堰

図は，琵琶湖から大阪湾に注ぐ淀川に通じる瀬田川に設けられた瀬田川洗堰である．琵琶湖からの放流量を調節し，琵琶湖・淀川を洪水から守り，飲み水，工業用水，農業用水，発電用水などに水を利用するうえで重要な施設である．

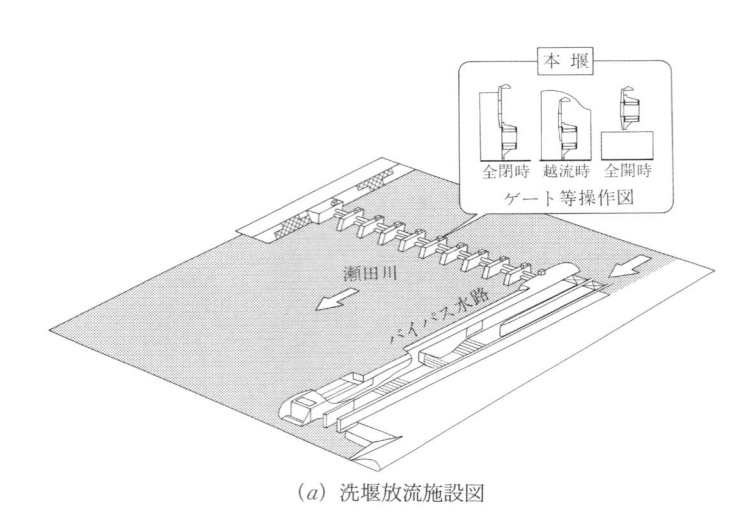

(a) 洗堰放流施設図

(b) 淀川水系の流域図

(c) 洗堰の全景

図　瀬田川の洗堰〔国土交通省近畿地方整備局琵琶湖工事事務所：瀬田川洗堰（パンフレット）より（一部改変）〕

となる。基準面を水路底に選び，同一流線上の二点 A, B にベルヌーイの定理を適用すると

$$h_1 + \frac{1}{2g}\left(\frac{Q}{b_1 h_1}\right)^2 = h_2 + \frac{1}{2g}\left(\frac{Q}{b_2 h_2}\right)^2$$

となる。流量 Q は，流量係数 C を導入して

$$Q = C\sqrt{\frac{2g(h_1 - h_2)}{\{1/(b_2 h_2)\}^2 - \{1/(b_1 h_1)\}^2}} \tag{4.32}$$

となり，上流側水深 h_1 と下流側水深 h_2 を測ることで流量を求めることができる。

演 習 問 題

【1】 問図 **4.1** のような直径 75 mm の円形オリフィスがある。流量 Q が（1）3.5 l/s，（2）1.5 l/s，（3）12.5 l/s の各場合におけるオリフィス中心からの水位の高さ H を求めよ。流量係数 C は 0.6 である。

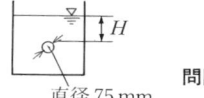

問図 **4.1**

【2】 幅 450 mm，高さ 150 mm の四角形オリフィスがある。水位がオリフィス上縁から，（1）1.5 m，（2）6.7 m，（3）12.8 m の各場合について各流量を求めよ。ただし，流量係数 C は 0.6 とする。

【3】 A 池と B 池を直径 30 cm の円形潜りオリフィスで連絡している。A 池から B 池への流量が 0.3 m³/s であるためには A 池と B 池の水面差をいくらに保つ必要があるか。オリフィスの流量係数を 0.6 とする。

【4】 問図 **4.2** のような直径 50 mm の円形潜りオリフィスがある。（1）$z_1 = 3.4$ m，$z_2 = 1.5$ m，（2）$z_1 = 10.8$ m，$z_2 = 0.5$ m の各場合における流量 Q を求めよ。流量係数 C は 0.63 とする。

問図 **4.2**

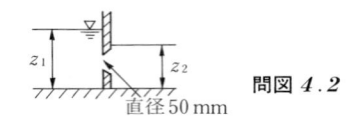

【5】 JIS の直角三角堰や四角堰の流量公式を使用するとき，長さの単位はメートル，時間の単位は秒を使用しなければならない。これは係数が次元をもっているためである。このほかにこのような例を考えよ。

【6】 問図 **4.3** のような台形堰がある。$b_1 = 30\,\mathrm{cm}$，$b_2 = 5\,\mathrm{cm}$，$H = 20\,\mathrm{cm}$ のときの流量 Q を求めよ。流量係数 $C = 0.6$ とする。

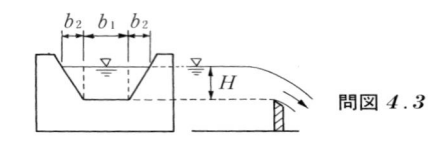

問図 **4.3**

5

管水路の流れ

　管水路の流れは，上水道の送水管，配水管，給水管，水力発電の圧力トンネル，水圧管，各種ポンプによる送水管や配水管など非常に多くの例がある。ここでは，管水路流れの基本的な事項を述べ，工学的な問題を取り扱うこととする。

5.1　管水路の流速分布

　管水路内の流れの状態を観察すると，ふつう図 5.1 のように，管の中心で最も流速が大きく，管壁に近づくに従って小さくなり，管壁上では流速が 0 となっている。これは，水が粘性をもっているので，壁面から流れに抵抗する摩擦力が作用するためである。また，流速分布は流れが層流であるか乱流であるかによっても異なることが知られている。

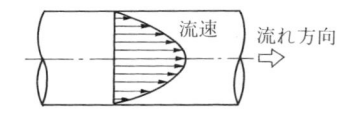

図 5.1　管水路の流速分布（層流）

5.1.1　壁面の摩擦力

　図 5.2 のような管水路において，①，②断面間に半径 r，長さ l の仮想円柱を考える。①，②断面の圧力を p_1，p_2，円柱に作用するせん断応力（単位面積に働く摩擦力）を τ とすると，力のつりあいから式（5.1）が得られる。

80　5. 管水路の流れ

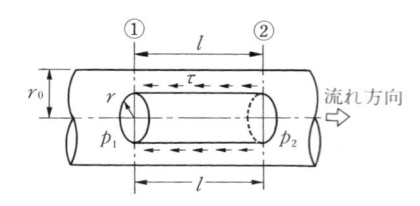

図 5.2 管水路に作用する摩擦応力　　**図 5.3** 摩擦応力の分布

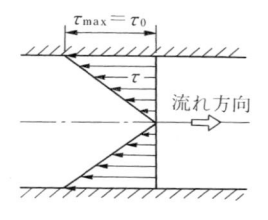

$$\pi r^2 (p_1 - p_2) = \tau \times 2\pi r l$$

$$\tau = \frac{r(p_1 - p_2)}{2l} \tag{5.1}$$

管の半径を r_0 とすると，管壁におけるせん断応力 τ_0 は

$$\tau_0 = \frac{r_0(p_1 - p_2)}{2l} \tag{5.2}$$

で表される。また，式 (5.1)，(5.2) より $(p_1 - p_2)/(2l)$ を消去すると

$$\tau = \frac{r}{r_0} \tau_0 \tag{5.3}$$

となる。せん断応力 τ と半径 r の関係を示すと，**図 5.3** のように管壁で最大値 τ_0 となり，中心で最小値 0 となる直線分布をしている。この関係は，層流，乱流のいずれの場合にも成立する。

水理学では，壁面のせん断応力 τ_0 を式 (5.4) の u_* で表してよく用いる。

$$u_* = \sqrt{\frac{\tau_0}{\rho}} \tag{5.4}$$

ここに，ρ は水の密度であり，u_* は速度の次元 $[LT^{-1}]$ をもつことから**摩擦速度** (shear velocity) と呼ばれる。

5.1.2 層流の流速分布

層流の場合，壁面の摩擦によるせん断応力 τ は **1** 章の式 (1.7) の形で表されるが，流速 u は半径 r の増加で減少するので，式 (5.5) のようになる。

$$\tau = \mu \frac{du}{dz} = -\mu \frac{du}{dr} \tag{5.5}$$

5.1 管水路の流速分布

式 (5.5) を式 (5.1) に代入すると, 次式のようになる。

$$-\mu \frac{du}{dr} = \frac{r(p_1 - p_2)}{2l}$$

上式を積分すると, $u = -r^2(p_1 - p_2)/(4\mu l) + C$ となる。
$r = r_0$ のとき $u = 0$ とすると, $C = r_0^2(p_1 - p_2)/(4\mu l)$ となり, 層流の流速分布は, 式 (5.6) のような二次の放物線形で表される。

$$u = \frac{(p_1 - p_2)(r_0^2 - r^2)}{4\mu l} \tag{5.6}$$

ここに, u は半径 r における流速, $p_1 - p_2$ は①, ②断面間の圧力差, r_0 は管の半径, μ は水の粘性係数, l は①, ②断面間の距離である。

上の式 (5.6) を用いて円管内を流れる全流量 Q を求めると

$$Q = \int_0^{r_0} 2\pi r u \, dr = \int_0^{r_0} 2\pi r \frac{(p_1 - p_2)}{4\mu l} (r_0^2 - r^2) \, dr$$

$$= \frac{\pi(p_1 - p_2) r_0^4}{8\mu l} \tag{5.7}$$

となり, 平均流速 v は, 式 (5.8) のように表される。

$$v = \frac{Q}{\pi r_0^2} = \frac{(p_1 - p_2) r_0^2}{8\mu l} \tag{5.8}$$

層流に対する式 (5.7) は, **ハーゲン-ポアズイユの式** (Hagen-Poiseuille equation) と呼ばれ, 流体の粘性係数の測定にも用いられる。

5.1.3 乱流の流速分布

乱流は, 層流と異なり, 水粒子が複雑に入り混じって流れている。そのため, 壁面にごく近いところを除いて, 流速分布も図 **5.4** のように一様に近い形になっている。乱流中では, 流れ方向とその直角方向の瞬間速度 u, v は, その時間平均値 $\bar{u}$, $\bar{v}$ と変動成分 u', v' とを合わせた $u = \bar{u} + u'$, $v = \bar{v}$

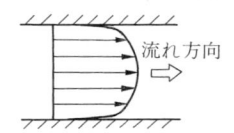

図 **5.4** 乱流の流速分布

$+ v'$ で表される。また，せん断応力は，水の粘性による応力に乱れによる付加的な応力，**レイノルズ応力**（Reynolds stress）が加わるので

$$\tau = \mu \frac{du}{dz} - \rho \overline{u'v'} \tag{5.9}$$

と表される。さらに乱流中では，式（5.9）の第2項目が卓越し第1項目の粘性による項を無視しうることが多いので

$$\tau = - \rho \overline{u'v'} \tag{5.10}$$

と表される。乱れの速度成分 u' は，水粒子が混合する渦の半径あるいは移動距離 l' を用いて $u' = l'(d\bar{u}/dz)$ で表され，v' は $|v'| \propto |u'|$ と考えて，その比例定数を a とすれば，$|\overline{u'v'}| = al'^2|d\bar{u}/dz|^2$ で与えられる。ここで l' に類似な**混合距離**（mixing length）l を導入し，τ と $d\bar{u}/dz$ の符号を考慮すると，せん断応力 τ は，式（5.11）のように書くことができる。

$$\tau = - \rho \overline{u'v'} = \rho l^2 \left|\frac{d\bar{u}}{dz}\right| \frac{d\bar{u}}{dz} = \rho \varepsilon \frac{d\bar{u}}{dz} \tag{5.11}$$

ここに，$\varepsilon = l^2 (d\bar{u}/dz)$ は**渦動粘性係数**（coefficient of kinematic eddy viscosity）と呼ばれている。

さらに壁面近くでは，$l = \varkappa z$ が成立し $\tau = \tau_0$ とおけるので

$$\tau_0 = \rho \varkappa^2 z^2 \left(\frac{du}{dz}\right)^2 \tag{5.12}$$

と書ける。ただし，式（5.12）は $\bar{u}$ のかわりに u と書き，z 軸は壁面から流れの内部に向かってとるから，$du/dz > 0$ であることを考慮に入れた。

式（5.12）を変形して式（5.4）を代入すると

$$\frac{du}{dz} = \frac{u_*}{\varkappa} \frac{1}{z} \tag{5.13}$$

となる。式（5.13）を積分すると，円管内の流速分布の式として式（5.14）が得られる。ここに，$\varkappa$ は**カルマン定数**（Kármán's universal constant）と呼ばれている。

$$u = \frac{u_*}{\varkappa} \log_e z + C = \frac{2.30 u_*}{\varkappa} \log_{10} z + C \tag{5.14}$$

5.1 管水路の流速分布

式（5.14）は，壁面近傍の条件から導かれたものであるが，$x = 0.4$ とすると，実験結果と比較して円管の中心部まで十分適用できることがわかった。そこで管の中心 $z = r_0$ において最大流速 u_0 になるように C を定めると，$C = u_0 - 5.75 \log_{10} r_0$ となり，式（5.14）は式（5.15）のように書ける。

$$\frac{u_0 - u}{u_*} = 5.75 \log_{10} \frac{r_0}{z} \tag{5.15}$$

式（5.15）は，**速度欠損則**（velocity defect law）と呼ばれ，乱流の流速分布が対数で表せることを示したものである。しかし，最大流速 u_0 がわからないと流速 u が表せないので実用的な式とはいえない。そこで，**プラントル**（Prandtl）と**カルマン**（Kármán）は，乱流の流速分布式として式（5.16）を表した。

$$\frac{u}{u_*} = A + 5.75 \log_{10} \frac{z}{k} \tag{5.16}$$

ここに，u は壁から距離 z の位置における流速，u_* は摩擦速度，A は無次元量 $u_* k / \nu$ によって表される値，k は壁面の粗さ（凹凸）の平均高さ（絶対粗度），ν は水の動粘性係数である。

式（5.16）は，乱流における流速分布を表す一般式で，速度分布の**対数法則**（logarithmic law）と呼ばれる。

図 5.5 は，**ニクラーゼの実験結果**（Nikuradse data）によるもので，A の

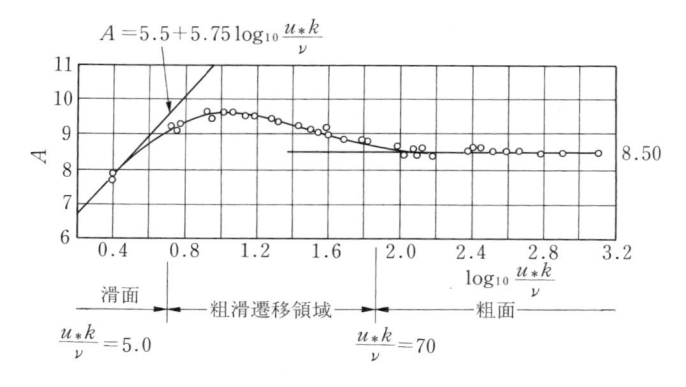

図 5.5 ニクラーゼの実験結果

値は，式（5.17）〜（5.19）のように3領域に分けて表すことができる．

滑面領域：$\dfrac{u_* k}{\nu} \leqq 5, \quad A = 5.50 + 5.75 \log_{10}\dfrac{u_* k}{\nu}$ (5.17)

粗滑遷移領域：$5 < \dfrac{u_* k}{\nu} \leqq 70, \quad A = f\!\left(\dfrac{u_* k}{\nu}\right), \quad A$ は $u_* k/\nu$ の関数

(5.18)

粗面領域：$70 < \dfrac{u_* k}{\nu}, \quad A = 8.50$ (5.19)

式（5.17）〜（5.19）を式（5.16）に代入すると，それぞれ式（5.20）〜（5.22）のように流速分布の式を求めることができる．

滑面での流速分布： $\dfrac{u}{u_*} = 5.5 + 5.75 \log_{10}\dfrac{u_* z}{\nu}$ (5.20)

遷移領域での流速分布：$\dfrac{u}{u_*} = f\!\left(\dfrac{u_* k}{\nu}\right) + 5.75 \log_{10}\dfrac{z}{k}$ (5.21)

粗面での流速分布： $\dfrac{u}{u_*} = 8.5 + 5.75 \log_{10}\dfrac{z}{k}$ (5.22)

式（5.20）〜（5.22）は，いずれも $z \to 0$ で $u \to -\infty$ となり不都合である．実際の流れでは，図 **5.6** に示すように**粘性底層**（viscous sublayer）が存在し，この中の流速分布は式（5.23）で表される．

$$\dfrac{u}{u_*} = \dfrac{u_* z}{\nu} \qquad (5.23)$$

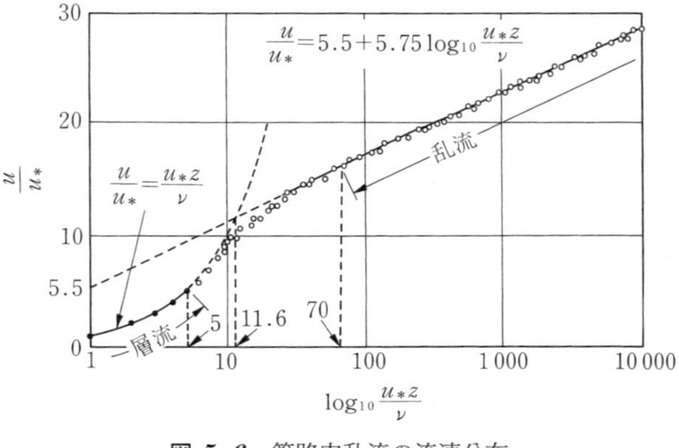

図 **5.6** 管路内乱流の流速分布

粘性低層の厚さ δ は，式 (5.20) と式 (5.23) とで表される曲線の交点において，$z = \delta$ とすることにより，式 (5.24) のように求められる。

$$\delta = \frac{11.6\nu}{u_*} \tag{5.24}$$

管水路が滑面であるか粗面であるかは，式 (5.17)～(5.19) によって区分できるが，k と δ を比べて，k が δ より十分大きい場合を粗面，小さい場合を滑面とすることもできる。いずれにしても水理学的な粗滑の区分は，流れの状態に関係するので，同じ管でも流れが遅いと滑面，速いと粗面になることも起こりうる。

断面全体の流速分布を考慮して乱流の平均流速 v を求めると式 (5.25)～(5.27) のようになる。

滑面での平均流速： $\quad \dfrac{v}{u_*} = 1.75 + 5.75 \log_{10} \dfrac{u_* r_0}{\nu} \tag{5.25}$

遷移領域での平均流速： $\dfrac{v}{u_*} = f\left(\dfrac{u_* k}{\nu}\right) - 3.75 + 5.75 \log_{10} \dfrac{r_0}{k}$
$$\tag{5.26}$$

粗面での平均流速： $\quad \dfrac{v}{u_*} = 4.75 + 5.75 \log_{10} \dfrac{r_0}{k} \tag{5.27}$

例題 5.1 粗面での流速分布式 (5.22) から，平均流速式 (5.27) を誘導せよ。

【解答】 図 5.7 のように，管中心から r の位置における流速を u とすると，斜線部の流量 dQ は，$dQ = 2\pi r dr u$ と表せる。また，式 (5.22) の z は管の半径 r_0 を用いて $z = r_0 - r$ とおけるので，全流量 Q は下式のように求まる。

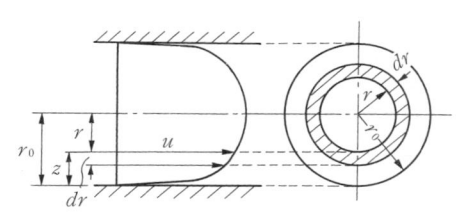

図 5.7

$$Q = \int_0^{r_0} 2\pi r u \, dr = \int_0^{r_0} 2\pi r u_* \left\{ 8.5 + 5.75 \log_{10} \frac{(r_0 - r)}{k} \right\} dr$$

$$= \pi r_0^2 \, u_* \left(4.75 + 5.75 \log_{10} \frac{r_0}{k} \right)$$

$$\therefore \quad \frac{v}{u_*} = \frac{Q}{\pi r_0^2 u_*} = 4.75 + 5.75 \log_{10} \frac{r_0}{k} \qquad \diamondsuit$$

5.2 管水路の摩擦損失水頭

図 5.8 のように,管水路に水を流すと,①,② 断面間には必ず圧力差が生じる。これは水が管内を流れる間に摩擦によってエネルギーを消耗するためである。①,② 断面間に 3 章のベルヌーイの式 (3.9) を適用するが,断面 ② には摩擦損失水頭 h_l を加える。また,流速分布のある流れに対して,平均流速を用いて速度水頭を表すので,補正係数 α を付ける。α は**エネルギー補正係数** (kinetic energy correction factor) と呼ばれ,実用的には 1.0 または 1.1 とされる。

$$\alpha \frac{v_1^2}{2g} + z_1 + \frac{p_1}{\rho g} = \alpha \frac{v_2^2}{2g} + z_2 + \frac{p_2}{\rho g} + h_l \tag{5.28}$$

ここに,$\alpha v^2/(2g)$ は速度水頭,z は位置水頭,$p/(\rho g)$ は圧力水頭,h_l は摩擦損失水頭である。

摩擦損失水頭 h_l と平均流速 v との関係を図に示すと,**図 5.9** のようにな

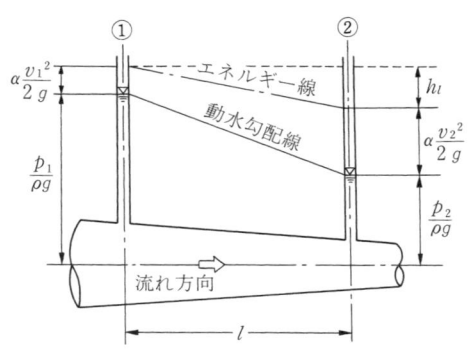

図 5.8 管水路の摩擦損失水頭 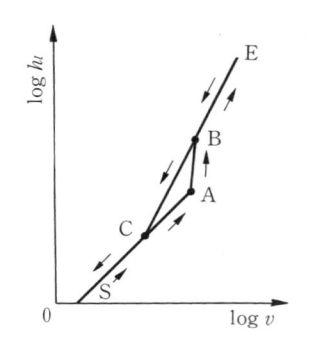　　図 5.9 摩擦損失水頭の変化

る。遅い流れからしだいに流速を増すと，図中の矢印のように SABE と変化し，層流から乱流へと移る。逆に乱流からしだいに流速を減じると EBCS と変化する。A，B 点は実験時の条件によって一定ではないが，C 点はほぼ一定で，低限界レイノルズ数の位置に相当する。h_l は，層流のとき流速 v に比例し，乱流のとき v の2乗に比例する。

実際の流れはほとんど乱流であるので，一般に h_l は速度水頭 $v^2/(2g)$ と管長 l に比例し，管径 D に反比例するとして式 (5.29) で表される。

$$h_l = f \frac{l}{D} \frac{v^2}{2g} \tag{5.29}$$

ここに，f は**摩擦損失係数** (coefficient of friction loss) で，式 (5.29) は**ダルシー-ワイズバッハの式** (Darcy-Weisbach equation) と呼ばれている。f は，レイノルズ数 R_e と**相対粗度** (relative roughness) k/D の関数である。

f の値は，層流および滑面，粗滑遷移領域，粗面の乱流に対し式 (5.30)～(5.33) のように表される。

層　流： $$f = \frac{64}{R_e} \tag{5.30}$$

滑面の乱流： $$\frac{1}{\sqrt{f}} = 2.03 \log_{10}(R_e \sqrt{f}) - 0.8 \tag{5.31}$$

粗滑遷移領域の乱流： $$\frac{1}{\sqrt{f}} = 1.74 - 2.03 \log_{10}\left(\frac{2k}{D} + \frac{18.7}{R_e \sqrt{f}}\right) \tag{5.32}$$

粗面の乱流： $$\frac{1}{\sqrt{f}} = 2.03 \log_{10} \frac{D}{k} + 1.138 \tag{5.33}$$

実用的な市販の管に対する f の値を与えるものとして，**図 5.10** に示す**ムーディ線図** (Moody diagram) がある。この図は，層流および乱流についての f の値を，R_e と k/D を用いて表したものである。各種の管の標準的な k の値は**表 5.1** のようである。

88   5. 管水路の流れ

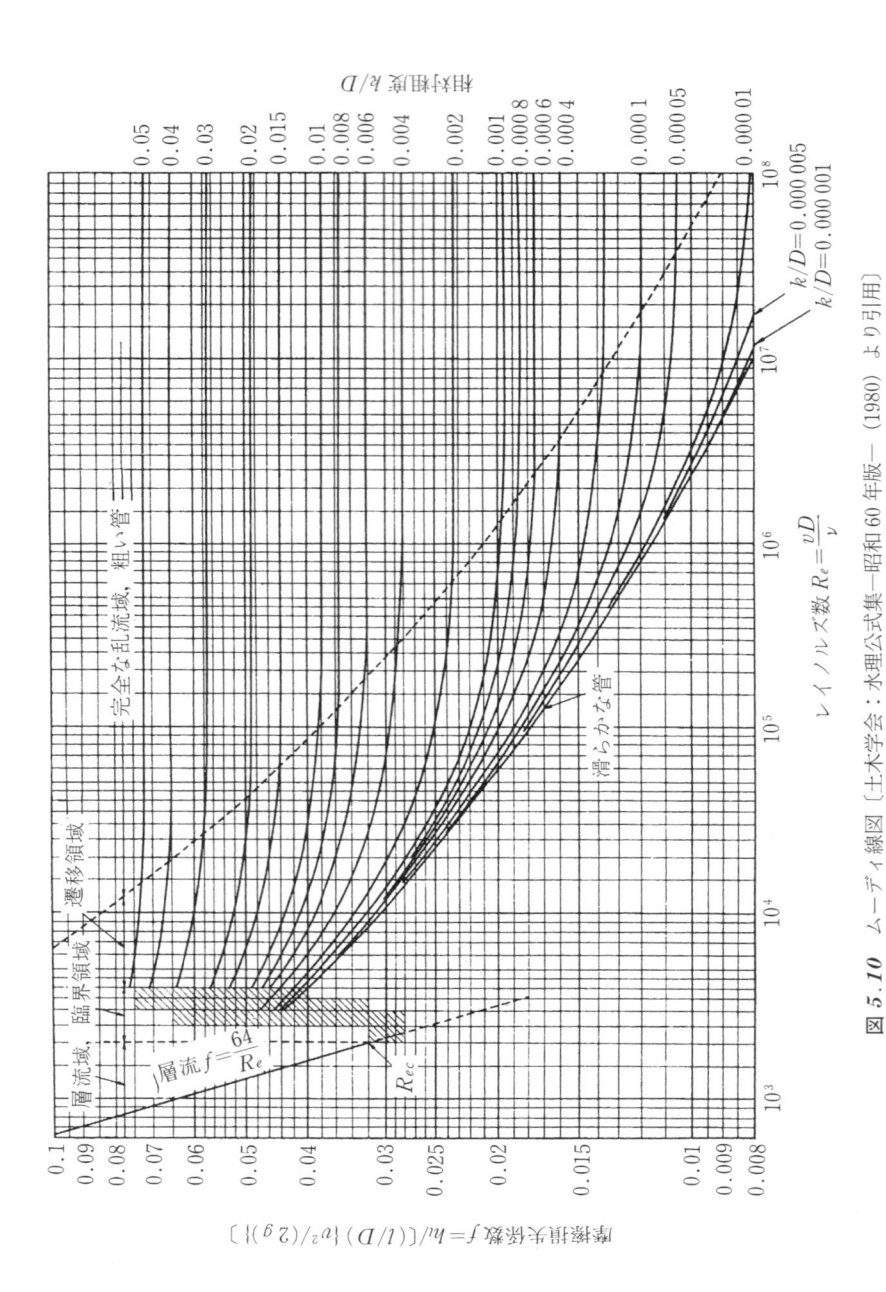

図 5.10 ムーディ線図〔土木学会：水理公式集―昭和60年版―(1980) より引用〕

5.3 管水路の平均流速公式　89

表 5.1 管の標準的な k の値

管　種	壁　面　状　態	k [m]
塩化ビニル管	工業的に滑らか	$\sim 2\times 10^{-6}$
鋳　鉄　管	新　アスファルト塗装	$(1\sim 1.5)\times 10^{-4}$
	新　塗装なし	$(2.5\sim 5)\times 10^{-4}$
	古　さび発生	$(1\sim 1.5)\times 10^{-3}$
	古　はなはだしくコブ発生	$(2\sim 5)\times 10^{-3}$
コンクリート管	新　滑らか，スチールフォーム使用，継目平滑	$(1.5\sim 6)\times 10^{-5}$
	遠心力コンクリート管，継目良好	$(1.5\sim 4.5)\times 10^{-4}$
	粗面，レイタンスが流出しているもの	$(4\sim 6)\times 10^{-4}$

例題 5.2 直径 10 cm，長さ 50 m の滑面円管に 15°C の水を流量 0.002 m³/s で流すと，摩擦損失水頭はいくらになるか。

【解答】 平均流速 $v = Q/A = 0.255$ m/s，1 章の**表 1.5** より $\nu = 1.139 \times 10^{-6}$ m²/s であるから，$R_e = vD/\nu = 22\,388 > 4\,000$ となり，滑面の乱流になる。したがって，f は式 (5.31) から求める。ただし，この式は f を右辺にも含んでいるので，逐次計算などにより解を得る必要がある。すなわち，式 (5.31) を変形して

$$f = \frac{1}{\{2.03\log_{10}(R_e\sqrt{f}) - 0.8\}^2}$$

とし，右辺の f を仮定して計算を繰り返す。

例えば，右辺の f を 0.02 と仮定すると上式より $f = 0.025\,1$ が得られ，これを第 1 近似値とする。同様に第 2，3，4 近似値を求めると，$f = 0.024\,4$，$0.024\,5$，$0.024\,5$ が得られるので，これを求める f とする。摩擦損失水頭 h_l は，式 (5.29) より

$$h_l = f\frac{l}{D}\frac{v^2}{2g} = 0.024\,5 \times \frac{50}{0.1} \times \frac{0.255^2}{2 \times 9.8} = 0.041 \text{ m}$$

となる。本例題の別解として，ムーディ線図（**図 5.10**）を用いることもできる。図より，$R_e = 22\,388$ に対する滑らかな管の曲線から $f = 0.025$ を読み取ると，式 (5.29) より $h_l = 0.041$ m が得られる。　　◇

5.3　管水路の平均流速公式

5.2 節で示したダルシー–ワイズバッハの式 (5.29) を変形して，平均流

速を式（5.34）のように表すことができる。

$$v = \sqrt{\frac{2gDh_l}{fl}} = \sqrt{\frac{2}{f}}\sqrt{gDI} \qquad (5.34)$$

式（5.34）の I は，単位長さ当りの摩擦損失水頭を表し，$I = h_l/l$ となり，動水勾配（一様断面ではエネルギー勾配 I_e と同じ）と呼ばれるものである。円管の径深 R が $R = D/4$ であることから，平均流速 v は，一般に式（5.35）で表される。

$$v = \sqrt{\frac{8}{f}}\sqrt{gRI} \qquad (5.35)$$

式（5.35）に I，R および f を与えると，平均流速 v を求めることができる。この式は合理的で精度もよいが，f の算定が複雑で実際の管水路の計算には若干不便である。そのため，直接 v を求める実用的な式が多数提唱されている。これらの公式はいずれも経験則から導かれたものであるが，そのうち代表的なものを以下にあげる。

5.3.1　シェジーの公式

平均流速 v を求める下記の式（5.36）を，**シェジーの公式**（Chézy formula）という。

$$v = C\sqrt{RI} \qquad (5.36)$$

ここに，v：平均流速〔m/s〕，R：径深〔m〕，I：動水勾配，C：係数である。シェジーは C を定数と考えたが，その後の実測により定数でないとされている。

5.3.2　ガンギレ-クッターの公式

シェジーの平均流速公式の C を，式（5.37）で表したものが**ガンギレ-クッターの公式**（Gangillet-Kutter formula）である。

$$v = \frac{23 + 1/n + 0.00155/I}{1 + (23 + 0.00155/I)(n/\sqrt{R})}\sqrt{RI} \qquad (5.37)$$

ここに，n：粗度係数，R：径深〔m〕，I：動水勾配である。以前から河川や下水道の計算に用いられてきた。また，粗度係数 n はつぎに示すマニングの公式の粗度係数と同じ値である。

5.3.3 マニングの公式

今日，最も広く用いられている式として**マニングの公式**（Manning formula）がある。式の形は比較的簡単で式（5.38）のとおりである。

$$v = \frac{1}{n} R^{2/3} I^{1/2} \tag{5.38}$$

ここに，n：マニングの粗度係数，R：径深〔m〕，I：動水勾配である。n は，式の形からわかるように〔$\mathrm{m}^{-1/3} \cdot \mathrm{s}$〕の単位をもち，市販の管に対して**表5.2**のように与えられている。式（5.29）における f と n との間には，式（5.39）のような関係がある。

$$f = \frac{8gn^2}{R^{1/3}} = \frac{12.7gn^2}{D^{1/3}} = \frac{124.5n^2}{D^{1/3}} \tag{5.39}$$

表5.2 粗度係数表（単位：m·s）

管 の 種 類	n	C_H
新しい塩化ビニル管	0.009〜0.012	145〜155
鋳鉄管　新　　し　　い	0.012〜0.014	130
古　　　　い	0.014〜0.018	100
きわめて古い	0.018	60〜80
滑らかなコンクリート管	0.011〜0.014	}120〜140
粗いコンクリート管	0.012〜0.018	

マニングの公式は，実用的な流れの計算によく使われており，ふつう**マニングの式**（Manning equation）あるいは**マニング式**と呼ばれている。

5.3.4 ヘーゼン-ウィリアムスの公式

上水道の配水管設計や75mm以上の給水管設計によく用いられているものとして，**ヘーゼン-ウィリアムスの公式**（Hazen-Williams formula）がある。この式は，〔フィート〕を〔メートル〕に換算したもので，式（5.40）

のように細かい指数が付いている。

$$v = 0.35464\, C_H D^{0.63} I^{0.54} \tag{5.40}$$

ここに，C_H：管種などで決まる粗度係数で，市販の管に対する値は**表 5.2**のとおりである。

例題 5.3 内径 60 cm の鋳鉄管に動水勾配 1/200 で水を流すときの平均流速を，ガンギレー-クッター，マニング，およびヘーゼン-ウィリアムスの公式を用いて計算せよ。ただし，$n = 0.013$，$C_H = 130$ とする。

【解答】 $I = 1/200$，$R = D/4 = 0.6/4 = 0.15\,\mathrm{m}$ であるから，それぞれ式 (5.37)，(5.38)，(5.40) を用いて下記のように求めることができる。

 ガンギレー-クッターの公式： $v = 1.540\,\mathrm{m/s}$
 マニングの公式： $v = 1.536\,\mathrm{m/s}$
 ヘーゼン-ウィリアムスの公式： $v = 1.912\,\mathrm{m/s}$

これらの式は，いずれも〔m〕，〔s〕単位を用いる必要があり，注意を要する。 ◇

5.4 摩擦以外の形状損失水頭

管水路が直線で管径も変化しない場合は，損失水頭として摩擦損失水頭のみを考えればよい。しかし，実際の管水路では，途中で管径が変化したり曲がっていたり，流量調節用の弁を設けたりする。これら局部的な変化部分では，流れが乱されてエネルギーが消耗される。このような局部的な損失は**形状損失** (form loss) と呼ばれ，ふつう，式 (5.41) のように速度水頭に比例する形で表される。

$$h_l = f_n \frac{v^2}{2g} \tag{5.41}$$

ここに，f_n：摩擦以外の各種の形状損失係数，v：平均流速である。この式に用いる平均流速としては，ふつう，断面変化部前後の流速のうち大きいほう（小断面のほう）を用いる。

5.4.1 流入による損失水頭

水槽や貯水池から管水路に水が流入するときに起こる損失で，**流入**（entrance）による損失水頭と呼ばれ，式（5.42）で表される。

$$h_e = f_e \frac{v^2}{2g} \tag{5.42}$$

ここに，v：流入後の平均流速，f_e：流入損失係数で，**図 5.11** に示す値が用いられる。

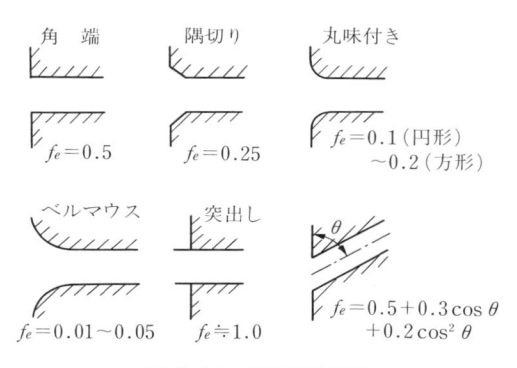

角端 $f_e = 0.5$
隅切り $f_e = 0.25$
丸味付き $f_e = 0.1$（円形）〜0.2（方形）
ベルマウス $f_e = 0.01 \sim 0.05$
突出し $f_e \fallingdotseq 1.0$
$f_e = 0.5 + 0.3 \cos\theta + 0.2 \cos^2\theta$

図 5.11 流入損失係数

5.4.2 断面変化による損失水頭

管水路の断面変化には，**図 5.12** に示すように，急拡，急縮，漸拡および漸縮の四つの形がある。

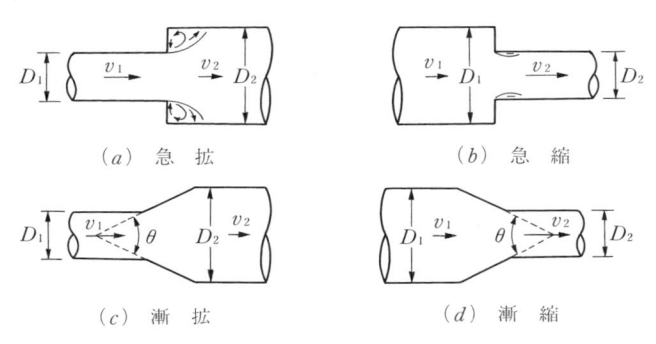

(a) 急 拡
(b) 急 縮
(c) 漸 拡
(d) 漸 縮

図 5.12 管路の断面変化

〔1〕 急拡による損失水頭

断面積が急に拡大すると，流れは急に広がらず拡大部に渦を生じ損失が起こる。**急拡**（sudden enlargement）による損失水頭 h_{se} は，式（5.43）で表される。この式はボルダ（Borda）の式といわれ，実験結果と実用上十分な精度で一致する。

$$h_{se} = f_{se} \frac{v_1^2}{2g}, \quad f_{se} = \left(1 - \frac{A_1}{A_2}\right)^2 \tag{5.43}$$

ここに，v_1：急拡前の平均流速，f_{se}：急拡損失係数，A_1, A_2：急拡前後の管断面積である。

〔2〕 急縮による損失水頭

急縮（sudden contraction）による損失水頭 h_{sc} は，式（5.44）で表される。

$$h_{sc} = f_{sc} \frac{v_2^2}{2g} \tag{5.44}$$

ここに，v_2：急縮後の平均流速，f_{sc}：急縮損失係数でワイズバッハにより**表5.3**の値が与えられている。D_1, D_2：は急縮前後の管径である。

表 5.3 急縮損失係数の値

D_2/D_1	0	0.1	0.2	0.3	0.4	0.5	0.6	0.7	0.8	0.9	(1.0)
f_{sc}	0.50	0.50	0.49	0.49	0.46	0.43	0.38	0.29	0.18	0.07	(0)

〔3〕 漸拡による損失水頭

断面積が漸次拡大する**漸拡**（gradual enlargement）による損失水頭 h_{ge} は，式（5.45）で表される。

$$h_{ge} = f_{ge} \frac{(v_1 - v_2)^2}{2g} = f_{ge} f_{se} \frac{v_1^2}{2g} \tag{5.45}$$

ここに，v_1, v_2：漸拡前後の平均流速，f_{ge}：漸拡損失係数，f_{se}：急拡損失係数である。f_{ge} は，広がり角 θ と漸拡前後の管径の比 D_2/D_1 によって決まる。f_{ge} は θ が 5°～6° のとき最小となり，これを超えると流線が管壁から剥離し，周囲の管壁と流れの間に渦を生じ，値が急増する。f_{ge} の値としてギブソンの実験値（Gibson data）を示すと**図5.13**のようである。

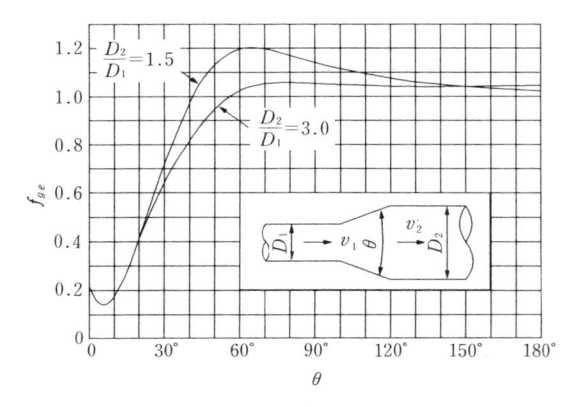

図 5.13 漸拡損失係数〔土木学会：水理公式集
—平成 11 年版—（1999）より引用〕

〔4〕漸縮による損失水頭 断面積が漸次縮小する場合を**漸縮**（gradual contraction）といい，管内に発生する渦がきわめて小さく，通常の流れではエネルギー損失が無視できるので，ここでは省略する。

5.4.3 曲がりによる損失水頭

管水路の方向変化部について，しだいに方向を変えるものを曲がり，急に折れ曲がるものを屈折として分けて考えている。

〔1〕曲がりによる損失水頭 曲がり（smooth bend）による損失水頭 h_b は，曲率半径 ρ と管径 D および曲がりの中心角 θ に関係し，式（5.46）で表される。

$$h_b = f_{b1} f_{b2} \frac{v^2}{2g} \tag{5.46}$$

ここに，f_{b1}，f_{b2} は曲がりによる損失係数で，f_{b1}：曲率半径 ρ と管径との比（ρ/D）によって決まる損失係数（中心角が 90° の場合）であり，f_{b2}：曲がりの中心角が 90° でない場合の補正値である。f_{b1}，f_{b2} については，**図 5.14** のようにアンダーソン（Anderson）とストラウブ（Straub）による実験結果が示されている。f_{b1} は滑らかな管についてのもので，摩擦損失は含まれていない。

〔2〕屈折による損失水頭 屈折（elbow bend）による損失水頭 h_{be} は，

96　5. 管水路の流れ

図 5.14　曲がりの損失係数〔土木学会：水理公式集―平成11年版―（1999）より引用〕

図 5.15 に示すように，屈折部で流れが壁から剝離するために生じ，屈折角に関係し，ワイズバッハの式として式（5.47）のように表される．

$$h_{be} = f_{be}\frac{v^2}{2g}, \quad f_{be} = 0.946\sin^2\frac{\theta}{2} + 2.05\sin^4\frac{\theta}{2} \quad (5.47)$$

ここに，f_{be}：屈折損失係数，v：平均流速，θ：屈折角である．

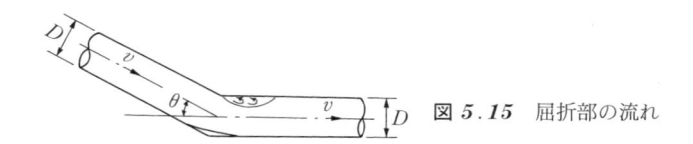

図 5.15　屈折部の流れ

5.4.4　弁類などによる損失水頭

管水路の途中に挿入された**弁**（valve）類などによる損失水頭 h_v は，一般に式（5.48）で表される．

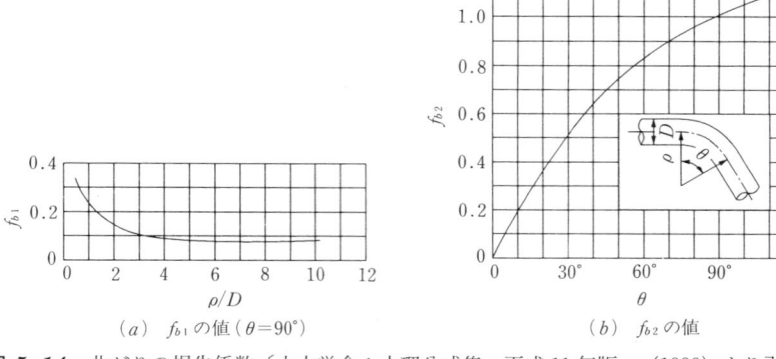

$$h_v = f_v\frac{v^2}{2g} \quad (5.48)$$

ここに，v：管内平均流速，f_v：弁類損失係数である．弁類としてはスルース弁，バタフライ弁，コックなどがある．ここでは上水の道配水管によく用いられるスルース弁について，損失係数の測定例を**表 5.4** に示す．

表 5.4　円形スルース弁の損失係数の測定例

開　度	0.125	0.25	0.375	0.50	0.625	0.75	0.875	1.0
f_v	97.8	17.0	5.52	2.06	0.81	0.26	0.07	0

5.4.5　流出による損失水頭

管水路の末端において，水が下流側水槽に流入するか大気中に放出される場合，流れのもつ速度水頭はすべて失われる。したがって，**流出**（outlet）による損失水頭 h_0 は式（5.49）で表され，流出損失係数 f_0 は，特別な場合を除き，つねに 1.0 と考えてよい。

$$h_0 = f_0 \frac{v^2}{2g}, \quad f_0 = 1.0 \tag{5.49}$$

5.5　単線管水路

単線管水路とは，管径や管の種類が異なっても，上流端から下流端まで1本の管で連結されている管水路をいう。

5.5.1　エネルギー線と動水勾配線

エネルギー線（energy line）は流れの全水頭を連ねたものであり，**動水勾配線**（hydraulic gradient line）はエネルギー線より速度水頭分だけ低い位置にある。したがって，管径が変化せず流速の等しい区間では，エネルギー線と動水勾配線は平行となる。また，管路の途中で水柱を立てると，水柱は動水勾配線まで上がることになる。単線管水路のエネルギー線および動水勾配線の例を図 5.16 に示す。

単線管水路の上下両水槽①，②断面間にベルヌーイの式を適用すると

$$z_1 + h_1 + \frac{v_{01}^2}{2g} = z_2 + h_2 + \frac{v_{02}^2}{2g} + (摩擦および形状損失水頭の総和)$$

となる。v_{01}, v_{02} は，管内の流速に比べて微小であるから無視すると

$$(z_1 + h_1) - (z_2 + h_2) = (摩擦および形状損失水頭の総和)$$

98　5. 管水路の流れ

図 5.16 単線管水路のエネルギー線および動水勾配線

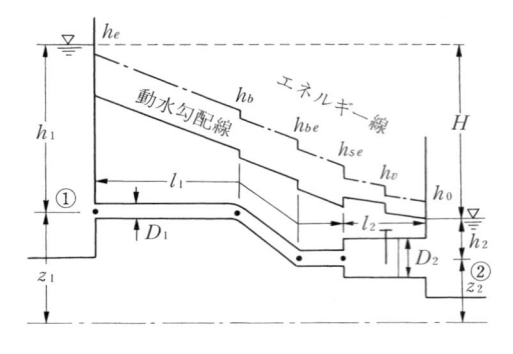

$$= H \,(\text{水位差}) \tag{5.50}$$

となる。すなわち，上下両水槽間の水位差 H は，管水路の入口から出口までに生じる損失水頭の総和に等しくなる。

図 5.16 において，管径 D_1，D_2 部分に対して長さ l_1，l_2，流速 v_1，v_2，摩擦損失係数 f_1，f_2 とすると，水位差 H は式 (5.51) のように表せる。

$$
\begin{aligned}
H &= h_{l1} + h_{l2} + h_e + h_b + h_{be} + h_{se} + h_v + h_0 \\
&= f_1 \frac{l_1}{D_1}\frac{v_1^2}{2g} + f_2 \frac{l_2}{D_2}\frac{v_2^2}{2g} + f_e \frac{v_1^2}{2g} + f_b \frac{v_1^2}{2g} + f_{be}\frac{v_1^2}{2g} + f_{se}\frac{v_1^2}{2g} \\
&\quad + f_v \frac{v_2^2}{2g} + f_0 \frac{v_2^2}{2g} \\
&= \left(f_1 \frac{l_1}{D_1} + f_e + f_b + f_{be} + f_{se} \right) \frac{v_1^2}{2g} + \left(f_2 \frac{l_2}{D_2} + f_v + f_0 \right) \frac{v_2^2}{2g}
\end{aligned}
\tag{5.51}
$$

例題 5.4 図 5.17 のような管水路に流量 $Q = 0.08\,\mathrm{m^3/s}$ が流れているとして，つぎのものを求めよ。ただし，下流側水槽の水位は基準面より 1 m とする。

1) 摩擦以外の損失水頭
2) 摩擦損失水頭。ただし，$n = 0.012$ とする。
3) 上下両水槽の水位差および上流側水槽の水位
4) 1)～3) で求めた値を用いてエネルギー線および動水勾配線を描け。

5.5 単線管水路

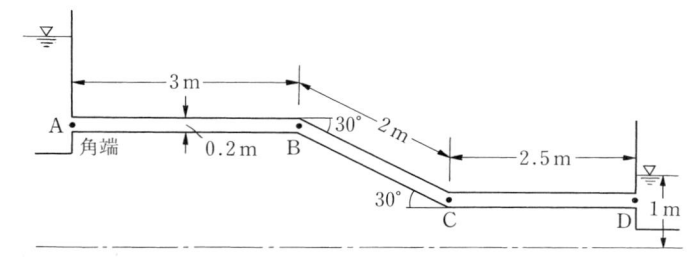

図 5.17

【解答】 1) 各種の形状損失として，流入，屈折および流出によるものを求める必要がある．流速と速度水頭は下記のように求まる．

$$v = \frac{Q}{\pi D^2/4} = \frac{0.08}{\pi \times 0.2^2/4} = 2.546 \text{ m/s}, \quad \frac{v^2}{2g} = \frac{2.546^2}{2 \times 9.8} = 0.331 \text{ m}$$

また，各種の損失係数および損失水頭は下記のようになる．

流　入：図 5.11 より，角端に対し $f_e = 0.5$, $\quad h_e = f_e \dfrac{v^2}{2g} = 0.166 \text{ m}$

屈　折：式 (5.47) より，$f_{be} = 0.073$, $\quad h_{be} = f_{be} \dfrac{v^2}{2g} = 0.024 \text{ m}$

流　出：式 (5.49) より，$f_0 = 1.0$, $\quad h_0 = f_0 \dfrac{v^2}{2g} = 0.331 \text{ m}$

2) 摩擦損失は，$D = 0.2$ m の管 $l = 3 + 2 + 2.5 = 7.5$ m に対して求めればよい．式 (5.39), (5.29) より下記のように求まる．

$$f = \frac{124.5 \, n^2}{D^{1/3}} = 0.0307, \quad h_l = f \frac{l}{D} \frac{v^2}{2g} = 0.381 \text{ m}$$

また，摩擦損失は管長に比例するので，AB，BC，CD 間での摩擦損失を求めると

$$h_{AB} = \frac{3}{7.5} \times 0.381 = 0.152 \text{ m}, \quad h_{BC} = \frac{2}{7.5} \times 0.381 = 0.102 \text{ m},$$

$$h_{CD} = \frac{2.5}{7.5} \times 0.381 = 0.127 \text{ m}$$

となる．

3) 上下水槽の水位差 H は，摩擦および各種の形状損失水頭をすべて合計したものとして求められ，以下のようになる．

　　形状損失水頭： $h_e + h_{be} + h_{be} + h_0 = 0.545 \text{ m}$

　　摩擦損失水頭： $h_l = 0.381 \text{ m}$

　　上下水槽の水位差：$H = 0.545 + 0.381 = 0.926 \text{ m}$

上流側水槽の水位：H + (下流側水槽の水位) $= 0.926 + 1.0 = 1.926$ m

4) エネルギー線は，上流側水位から順次損失水頭を差し引くと求められ，動水勾配線は，エネルギー線より速度水頭分だけ下に描くことができる．各点の前後の水頭をまとめて**表 5.5**のように表すことにする．

表 5.5 エネルギー線，動水勾配線の計算表

点,区間,損失	A, h_e=0.166		AB	B, h_{be}=0.024		BC	C, h_{be}=0.024		CD	D, h_0=0.331	
点の前後	前	後		前	後		前	後		前	後
エネルギー線	1.926	1.760	$h_{AB}=$	1.608	1.584	$h_{BC}=$	1.482	1.458	$h_{CD}=$	1.331	1.0
速度水頭	0	0.331	0.152	0.331	0.331	0.102	0.331	0.331	0.127	0.331	0
動水勾配線	1.926	1.429		1.277	1.253		1.151	1.127		1.000	1.0

◇

5.5.2 水位差，流量および管径の計算

単線管水路の流れに関係するのは，一般に水位差 H，流量 Q（または流速 v），管径 D，損失係数 f（摩擦および各種の形状損失）の四つであり，実用的な問題としてつぎの三つの場合が考えられる．

1) Q（または v），D，f が与えられ H を求める．

2) H，D，f が与えられ Q（または v）を求める．

3) Q（または v），H，f が与えられ D を求める．

図 5.16のような単線管水路を例にあげ，それぞれについて，式を用いて説明するとつぎのようになる．

1) 式 (5.51) よりただちに H は求められるが，流量と流速との関係は，**3**章の連続の式 (3.6) より

$$Q = \frac{\pi D_1^2}{4} v_1 = \frac{\pi D_2^2}{4} v_2 \tag{5.52}$$

を用いる．式 (5.52) を変形し $v_2 = (D_1/D_2)^2 v_1$ を式 (5.51) に代入すると

$$H = \left\{ f_1 \frac{l_1}{D_1} + f_e + f_b + f_{be} + f_{se} + \left(f_2 \frac{l_2}{D_2} + f_v + f_0 \right)\left(\frac{D_1}{D_2}\right)^4 \right\} \frac{v_1^2}{2g} \tag{5.53}$$

となる．

2) 式 (5.53) より，平均流速 v_1 について表すと

$$v_1 = \sqrt{\frac{2gH}{f_1 l_1/D_1 + f_e + f_b + f_{be} + f_{se} + (f_2 l_2/D_2 + f_v + f_0)(D_1/D_2)^4}} \quad (5.54)$$

となり，式 (5.52) に代入すると，流量 Q を求める式 (5.55) が得られる．

$$Q = \frac{\pi D_1^2}{4}\sqrt{\frac{2gH}{f_1 l_1/D_1 + f_e + f_b + f_{be} + f_{se} + (f_2 l_2/D_2 + f_v + f_0)(D_1/D_2)^4}} \quad (5.55)$$

しかし，厳密にいえば，f の値はレイノルズ数すなわち流速あるいは流量によって変化するので，f を仮定して試算的に求めなければならない．ただし，実用上はレイノルズ数の大きい流れを扱うことが多く，f は一定としてもさしつかえないことが多い．

3) 管径 D を求めるには，式 (5.55) を D について変形する必要がある．管径が異なると求められないので，同一の管径の場合，すなわち，$D_1 = D_2 = D$ ($f_{se} = 0$, $f_1 = f_2 = f$, $l_1 = l_2 = l$) の場合について考えると

$$Q^2 = \frac{\pi^2 D^4}{16}\frac{2gH}{f_e + f_b + f_{be} + f_v + f_0 + fl/D}$$

$$D = \left[\frac{8Q^2}{\pi^2 gH}\{(f_e + f_b + f_{be} + f_v + f_0)D + fl\}\right]^{1/5} \quad (5.56)$$

となる．式 (5.56) は，右辺にも D が含まれているので，D を求めるには試算法による繰返し計算が必要である．

5.6 サイフォン

図 5.18 のように管水路の一部が動水勾配線の上にあるものを**サイフォン** (siphon) という．動水勾配線より上にある部分では，圧力水頭が負になる．図において水圧が最も低くなるのは，B 点の曲がり直後〔圧力水頭 $p_B/(\rho g)$〕である．$p_B/(\rho g)$ は絶対圧で 0 以下すなわち水頭で $-10.33\,\mathrm{m}$ より低くなるこ

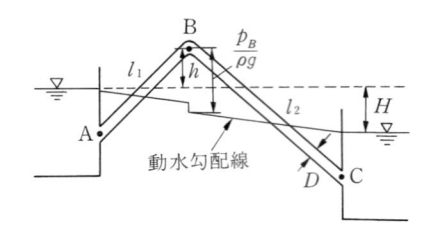

図 5.18 サイフォン

とはできない。したがって，B 点の高さが動水勾配線より 10.33 m 以上になると，水は流れなくなる。しかし，実際には水中に溶け込んだ空気が気化して上部にたまるため，約 8 m 以上で水は流れなくなり，実用上 $p_B/(\rho g) = -8$ m が限度である。

管内の流速を v として，A，C 点にベルヌーイの定理を適用すると

$$\frac{v_A^2}{2g} + z_A + \frac{p_A}{\rho g} = \frac{v_C^2}{2g} + z_C + \frac{p_C}{\rho g} + \left(f_e + f_b + f_0 + f\frac{l_1 + l_2}{D}\right)\frac{v^2}{2g}$$

$v_A = v_C = 0$，$\{z_A + p_A/(\rho g)\} - \{z_C + p_C/(\rho g)\} = H$，$f_0 = 1$ を代入して v を求めると

$$v = \sqrt{\frac{2gH}{1 + f_e + f_b + f(l_1 + l_2)/D}} \tag{5.57}$$

となる。つぎに A，B 点にベルヌーイの定理を適用すると

$$\frac{v_A^2}{2g} + z_A + \frac{p_A}{\rho g} = \frac{v^2}{2g} + z_B + \frac{p_B}{\rho g} + \left(f_e + f_b + f\frac{l_1}{D}\right)\frac{v^2}{2g}$$

$v_A = 0$，$z_B - \{z_A + p_A/(\rho g)\} = h$ を代入して，$p_B/(\rho g)$ を求めると

$$\frac{p_B}{\rho g} = -h - \left(1 + f_e + f_b + f\frac{l_1}{D}\right)\frac{v^2}{2g}$$

となる。上式に式 (5.57) を代入すると

$$\frac{p_B}{\rho g} = -h - \frac{1 + f_e + f_b + fl_1/D}{1 + f_e + f_b + f(l_1 + l_2)/D} H \tag{5.58}$$

となる。サイフォンが働いて水が流れるためには，前述のように，$p_B/(\rho g) > -8$ m でなければならない。この条件を式 (5.58) に入れると，サイフォンが働くための h あるいは H の最大値は，式 (5.59)，(5.60) のように表

される。

$$h_{\max} = 8 - \frac{1 + f_e + f_b + fl_1/D}{1 + f_e + f_b + f(l_1 + l_2)/D} H \quad (5.59)$$

$$H_{\max} = \frac{1 + f_e + f_b + f(l_1 + l_2)/D}{1 + f_e + f_b + fl_1/D} \times (8 - h) \quad (5.60)$$

式 (5.59), (5.60) は, 図 **5.18** について表したもので, ほかに各種の形状損失がある場合は, それらを考慮して式の中に入れる必要がある。

例題 5.5 図 **5.19** のような $D = 0.1$ m, $l_{AB} = 8$ m, $l_{BC} = 9$ m, $l_{CD} = 10$ m のサイフォンがある。右側水槽を徐々に下げたとき, 水が流れる最大の H はいくらか。ただし, $f_e = 0.8$, $f_b = 0.3$, $f = 0.02$ とする。

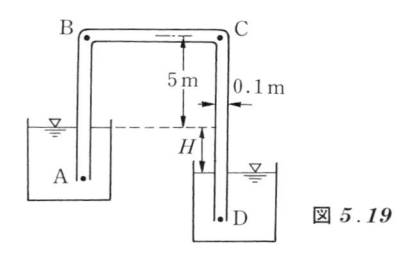

図 **5.19**

【解答】 B, C 点は同じ高さであるから, サイフォン作用は動水勾配線の低くなる C 点の曲がり直後で調べる。$h = 5$ m であるから H の最大値は, 式 (5.60) を用いてつぎのように計算できる。

$$H_{\max} = \frac{1 + f_e + 2f_b + f(l_{AB} + l_{BC} + l_{CD})/D}{1 + f_e + 2f_b + f(l_{AB} + l_{BC})/D} \times (8 - h) = 4.03 \text{ m} \quad \diamondsuit$$

5.7 分流および合流管路

水面の水位が異なる三つの水槽を管で連結した枝状管路の場合, 中間の水槽の水位によって分流あるいは合流管路の流れとなる。図 **5.20**, 図 **5.21** は, それぞれ分流および合流管路を示したものである。

分流・合流など複雑な管路を扱う場合, 摩擦損失水頭 h_l と流量 Q の関係

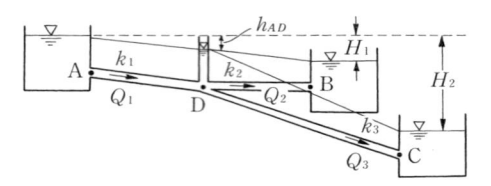

図 5.20 分流管路

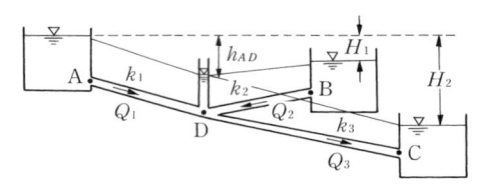

図 5.21 合流管路

を，式 (5.62) のように簡単な形で表すことが多い．すなわち，円管について，$v = Q/A = 4Q/(\pi D^2)$ であるから，式 (5.29) より

$$h_l = f\frac{l}{D}\frac{v^2}{2g} = f\frac{l}{D}\frac{1}{2g}\frac{16Q^2}{\pi^2 D^4} = \frac{8fl}{\pi^2 g D^5}Q^2$$

となり

$$k = \frac{8fl}{\pi^2 g D^5} \tag{5.61}$$

とおくと

$$h_l = kQ^2 \tag{5.62}$$

と表せる．図 5.20，図 5.21 の分流管路，合流管路について，摩擦損失のみを考え，式 (5.62) の表し方を用いると式 (5.63) のようになる．

$$\left.\begin{aligned}
h_{AD} &= k_1 Q_1{}^2 \\
\pm H_1 \mp h_{AD} &= k_2 Q_2{}^2 \\
H_2 - h_{AD} &= k_3 Q_3{}^2 \\
Q_1 &= \pm Q_2 + Q_3
\end{aligned}\right\} \tag{5.63}$$

複号は，上：分流，下：合流を表す．式 (5.63) より h_{AD} を消去すると

$$\left.\begin{array}{l}H_1 = k_1 Q_1{}^2 \pm k_2 Q_2{}^2 \\ H_2 = k_1 Q_1{}^2 + k_3 Q_3{}^2 \\ Q_1 = \pm\, Q_2 + Q_3\end{array}\right\} \tag{5.64}$$

となる。分流および合流管路において，k_1，k_2，k_3，H_1 および H_2 が与えられれば，三つの未知数 Q_1，Q_2，Q_3 は，式（5.64）の三つの式より求めることができる。

例題 5.6 図 5.22 のような枝状管路について，分流になるか合流になるかを調べ，各管を流れる流量を求めよ。ただし，$n = 0.013$ とし，各種の形状損失は無視する。

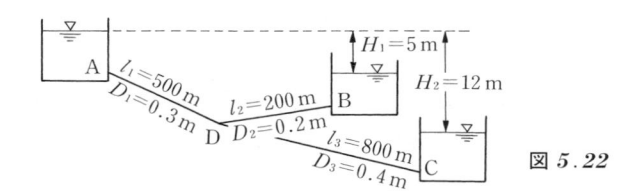

図 5.22

【**解答**】 式（5.39）を用いて n から f を求め，式（5.62）の定義による k の値を各管路について計算すると，$k_1 = 534.9$，$k_2 = 1\,859.9$，$k_3 = 184.5$ となる。各値を式（5.64）に代入して

$$5 = 534.9\,Q_1{}^2 \pm 1\,859.9\,Q_2{}^2 \cdots\cdots\cdots\cdots\cdots\cdots\cdots\cdots\cdots\cdots\cdots\cdots\cdots\cdots① $$
$$12 = 534.9\,Q_1{}^2 + 184.5\,Q_3{}^2 \cdots\cdots\cdots\cdots\cdots\cdots\cdots\cdots\cdots\cdots\cdots\cdots\cdots\cdots② $$
$$Q_1 = \pm\,Q_2 + Q_3 \cdots\cdots\cdots\cdots\cdots\cdots\cdots\cdots\cdots\cdots\cdots\cdots\cdots\cdots\cdots\cdots\cdots\cdots\cdots\cdots③$$

となる。式①，②より定数項を消去し，式③を $\pm Q_2 = Q_1 - Q_3$ と変形して代入し，各項を22 319で割ると式④のようになる。

$$0.167\,8\,Q_1{}^2 \pm (Q_1 - Q_3)^2 - 0.041\,3\,Q_3{}^2 = 0 \cdots\cdots\cdots\cdots\cdots\cdots\cdots\cdots④$$

分流として式④を整理（第2項目の＋符号を使う）し，$Q_3{}^2$ で各項を割ると

$$1.167\,8\left(\frac{Q_1}{Q_3}\right)^2 - 2\left(\frac{Q_1}{Q_3}\right) + 0.958\,7 = 0 \cdots\cdots\cdots\cdots\cdots\cdots\cdots⑤$$

となる。式⑤は (Q_1/Q_3) の二次式で，判別式は $1 - 1.167\,8 \times 0.958\,7 = -0.119\,6 < 0$ となり実解はない。したがって，この枝状管路は，分流でなく合流であると考えられる。合流として式④を整理（第2項目の－符号を使う）し，$-Q_3{}^2$ で各項を割

ると

$$0.832\,2\left(\frac{Q_1}{Q_3}\right)^2 - 2\left(\frac{Q_1}{Q_3}\right) + 1.041\,3 = 0 \quad\cdots\cdots\cdots\cdots\cdots\cdots⑥$$

となる。式⑥の判別式は，正となり，$Q_1/Q_3 = (1 \pm \sqrt{0.133\,4})/0.832\,2 = 1.640\,5$ または $0.762\,7$ が得られる。合流であるから $Q_1/Q_3 < 1$，したがって，$Q_1/Q_3 = 0.762\,7$ とする。$Q_1 = 0.762\,7 Q_3$ を式②に代入して $Q_3 = 0.156\,\mathrm{m^3/s}$，先の式②に代入して $Q_1 = 0.119\,\mathrm{m^3/s}$，これらを式③に代入して，$Q_2 = Q_3 - Q_1 = 0.037\,\mathrm{m^3/s}$ が得られる。 ◇

5.8 管　　　網

上水道における配水管は，多くの**閉回路**（loop）によって網状に敷設されている。このような網状の管路を**管網**（pipe network）といい，各管路を流れる流量の配分計算を管網計算という。複雑な管網計算では，一般にコンピュータが使われる。ここでは，比較的簡単な管網計算に用いられる**ハーディー-クロスの試算法**（Hardy-Cross loop-balancing method）について述べる。

1)　図 **5.23** のように，管路の節点に符号を付け，いくつかの閉回路に分

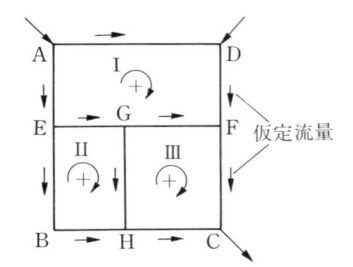

図 **5.23**　管　網

けて考える（図の場合，AEGFD，EBHG，GHCF の三つ）。

2)　管路の流量と流れの向きを適当に仮定する。その際，各節点では流入量の和と流出量の和が等しくなるようにする。

3)　仮定した流量を用いて各管の損失水頭を計算する。この計算法としてダルシー-ワイズバッハの式およびマニングの式による場合は，式（5.62），（5.39）より

$$h_l = \frac{8fl}{\pi^2 gD^5} Q^2 = kQ^2, \quad f = 124.5\, n^2 D^{-1/3}$$

と表す。

4) 各管路の流量および損失水頭は，各閉回路について右回り（時針方向）を正，左回りを負とする（例えば，管路 EG は E から G への流れを仮定している。この場合，閉回路 I については左回りで負，閉回路 II については右回りで正として扱う）。

5) 各閉回路の損失水頭の和 $\sum h_l = \sum kQ^2$（例えば，$h_{AE} + h_{EG} + h_{GF} + h_{FD} + h_{DA}$）は，もし仮定が正しければ 0 となる。しかし，一般に仮定流量は正しくないので $\sum h_l$ は 0 にならない。そこで，以下の補正計算を行って 0 に近くなるまで計算を繰り返す。

6) 補正流量を ΔQ とし，仮定流量 Q に ΔQ を加えることによって増加する損失水頭を Δh_l とすると

$$h_l + \Delta h_l = k(Q + \Delta Q)^2 = k(Q^2 + 2Q\Delta Q + \Delta Q^2)$$
$$= kQ^2 + 2kQ\Delta Q + k\Delta Q^2$$

となる。上式で ΔQ^2 を無視し，$h_l = kQ^2$ とすると，$\Delta h_l = 2kQ\Delta Q$ と表せる。

一つの閉回路については，損失水頭の和が 0 であるから

$$\sum (h_l + \Delta h_l) = \sum h_l + \sum \Delta h_l = \sum h_l + \sum 2kQ\Delta Q = 0 \quad (5.65)$$

となる。さらに，一つの閉回路についての ΔQ は等しいものとして，式（5.65）を変形すると

$$\Delta Q = -\frac{\sum h_l}{\sum 2kQ} = -\frac{\sum kQ^2}{2\sum kQ} \quad (5.66)$$

と表せる。これが流量の補正量 ΔQ である。

7) 仮定流量 Q に補正流量 ΔQ を加えた $Q + \Delta Q$ が，新しい流量の値である。ΔQ についても右回りを正とし，二つの閉回路に関係する管路は両方の補正を同時に行う。

8) 2)～7) の計算を所要の精度が得られるまで繰り返す。

例題 5.7 図 5.24 のような管網の各管の流量を求めよ。ただし，A 点，F 点の流入量は $0.5\,\mathrm{m^3/s}$，$0.2\,\mathrm{m^3/s}$，D 点の流出量は $0.7\,\mathrm{m^3/s}$ で，各管の管長，管径および摩擦損失係数 f は，表 5.6 のとおりである。

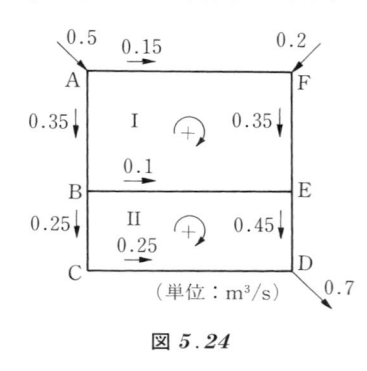

図 5.24

表 5.6

管	管長〔m〕	管径〔m〕	f	k
AB	300	0.4	0.0285	69.1
BCD	700	0.3	0.0314	748.1
DE	200	0.3	0.0314	213.8
EF	300	0.4	0.0285	69.1
AF	500	0.3	0.0314	534.4
BE	495.2	0.27	0.0326	930.6

【解答】 各管の k を求め，表 5.6 の右端に示す。

例えば，管路 AB については下記のようになる。

$$k_{AB} = \frac{8fl}{\pi^2 g D^5} = \frac{8 \times 0.0285 \times 300}{3.14^2 \times 9.8 \times 0.4^5} = 69.1$$

図 5.24 のように，各管の流量を仮定し，閉回路について，時針方向を $+$ として，各管の仮定流量および管網計算の結果を示すと表 5.7 のようになる。

表 5.7 管網計算表

閉回路	管	仮定流量	ΔQ	第1次修正値	ΔQ	第2次修正値	ΔQ	第3次修正値	ΔQ	最終結果
I	AB	−0.35	−0.0061	−0.3561	−0.0034	−0.3595	−0.0006	−0.3601	−0.0004	−0.3605
	BE	−0.1		−0.0983		−0.1003		−0.1001		−0.1003
	EF	0.35		0.3439		0.3405		0.3399		0.3395
	FA	0.15		0.1439		0.1405		0.1399		0.1395
II	BCD	−0.25	−0.0078	−0.2578	−0.0014	−0.2592	−0.0008	−0.2600	−0.0002	−0.2602
	DE	0.45		0.4422		0.4408		0.440		0.4398
	EB	0.1		0.0983		0.1003		0.1001		0.1003

$\sum kQ$ および $\sum kQ^2$ を求め（kQ はすべて正，kQ^2 は仮定流量の符号に合わせる），閉回路ごとの ΔQ を式 (5.66) より計算する。

例えば，閉回路 I については，下記のようにして求める。

$$h_{AB} = -k_{AB}\,Q_{AB}{}^2 = -8.46 \qquad k_{AB}\,Q_{AB} = 24.19$$
$$h_{BE} = -k_{BE}\,Q_{BE}{}^2 = -9.31 \qquad k_{BE}\,Q_{BE} = 93.06$$
$$h_{EF} = k_{EF}\,Q_{EF}{}^2 = 8.46 \qquad k_{EF}\,Q_{EF} = 24.19$$
$$h_{FA} = k_{FA}\,Q_{FA}{}^2 = 12.02 \qquad k_{FA}\,Q_{FA} = 80.16$$

$$\sum h_l = \sum k Q^2 = 2.71 \qquad \sum kQ = 221.60$$

$$\varDelta Q = -\frac{\sum kQ^2}{2\sum kQ} = -\frac{2.71}{2\times 221.60} = -0.0061\ \mathrm{m^3/s}$$

閉回路Ⅰの補正流量は $\varDelta Q = -0.0061\,\mathrm{m^3/s}$ であるから，仮定流量が右回りのものから 0.0061 を減じ，左回りのものには 0.0061 を加える．閉回路Ⅱについても同様である．管路 BE については，閉回路Ⅰ，Ⅱの補正を同時に行う．これが第一次修正値である．

同様の計算を繰り返し，すべての閉回路について修正流量 $\varDelta Q$ が所定の精度（本例題では 0.0005）以下になれば，最終結果とする．計算結果を図 5.25 に示す．

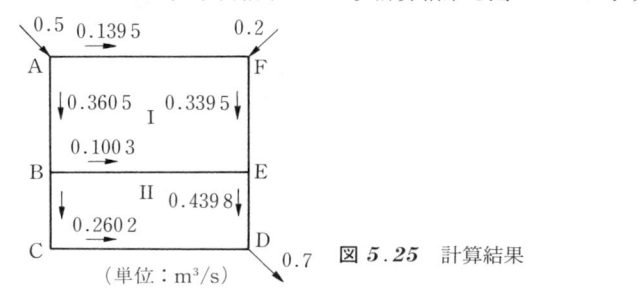

図 5.25 計算結果

5.9 ポンプと水車

ポンプ（pump）は，動力によって水にエネルギーを与え，水を高い所へもち上げるものであり，**水車**（turbine）は，逆に水のもつエネルギーを動力に変えるものである．

5.9.1 ポンプ

管路の途中にポンプを設置して揚水する場合，エネルギー線は，図 5.26 のようになる．上下水槽の水面差を H，ポンプでエネルギー線を上げるべき

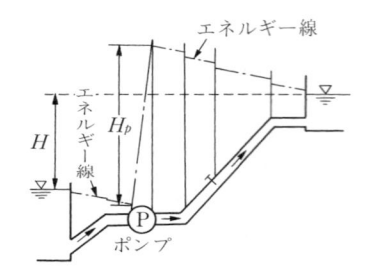

図 5.26 ポンプを設置した管水路のエネルギー線

高さを H_p とすると，図から明らかなように

$$H_p = H + \sum h_l + \sum h_n \tag{5.67}$$

の関係がある．ここに，$(\sum h_l + \sum h_n)$ は摩擦および各種の形状損失水頭の総和である．また，H を**実揚程**（actual pump head），H_p を**全揚程**（total pump head）と呼んでいる．揚水に際してポンプに与えるべき動力は，理論的には，$9.8QH_p$〔kW〕であるが，実際にはポンプの効率 η_p が入り，軸動力 S_p は

$$S_p = \frac{9.8\,QH_p}{\eta_p} \quad \text{〔kW〕} \tag{5.68}$$

となる．さらに，**電動機**（motor）を用いてポンプを回す場合には，電動機の効率 η_m が入るので，供給すべき電力 S は

$$S = \frac{9.8QH_p}{\eta_m \eta_p} = \frac{9.8QH_p}{\eta} \quad \text{〔kW〕} \tag{5.69}$$

となる．$\eta = \eta_m \eta_p$ は，ポンプおよび電動機の合成効率で，0.55〜0.85 程度の値である．

5.9.2 水　車

管路の途中に水車を設置した場合のエネルギー線は，**図 5.27** のようであり，**総落差**（gross head）H と**有効落差**（net head）H_e との関係は式（5.70）で表される．

$$H_e = H - (\sum h_l + \sum h_n) \tag{5.70}$$

ここに，$(\sum h_l + \sum h_n)$ は，摩擦および各種の形状損失水頭の総和である．水車によって発生する動力は，理論的には，$9.8\,QH_e$〔kW〕であるが，実際に

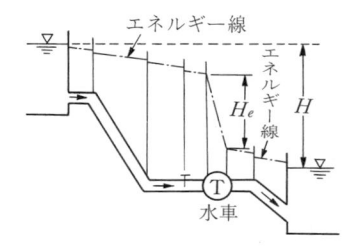

図 5.27 水車を設置した管水路のエネルギー線

は水車の効率 η_t が入り，発生する動力 P_t は

$$P_t = 9.8\,\eta_t Q H_e \quad [\text{kW}] \tag{5.71}$$

となる．さらに，水車によって**発電機**（generator）を回して電力を得る場合には，発電機の効率 η_g が入り，発電機による**出力**（power）P は

$$P = 9.8\,\eta_t \eta_g Q H_e = 9.8\,\eta Q H_e \quad [\text{kW}] \tag{5.72}$$

となる．$\eta = \eta_t \eta_g$ は水車および発電機の合成効率で，$0.75 \sim 0.85$ 程度の値である．

例題 5.8 図 5.28 のように，ポンプによって 20 m の高さの所に 0.05 m³/s の水を揚水したい．管径 0.2 m，管長 30 m，管の粗度係数 $n = 0.012$，各種の形状損失係数 $f_e = 0.5$，$f_v = 0.8$，$f_b = 0.3$ として，揚水に必要な電力を求めよ．ただし，ポンプおよび電動機の合成効率は 70％ とする．

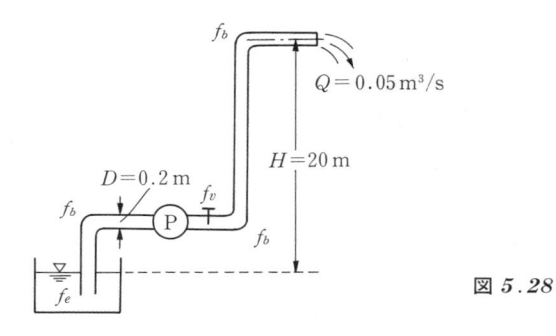

図 5.28

【**解答**】 揚水に必要な水頭すなわち全揚程は，実用程と損失水頭との和であるから，まず，損失水頭を計算する．

摩擦損失係数，速度水頭および摩擦損失水頭は

$$f = 124.5n^2 D^{-1/3} = 0.030\,7, \quad \frac{v^2}{2g} = 0.129 \text{ m}, \quad h_l = f\frac{l}{D}\frac{v^2}{2g} = 0.595 \text{ m}$$

形状損失水頭の和は

$$\sum h_n = (f_e + 3f_b + f_v + 1.0)\frac{v^2}{2g} = 0.413 \text{ m}$$

となる。損失水頭の総和は

$$(\sum h_l + \sum h_n) = 0.595 + 0.413 = 1.008 \text{ m}$$

全揚程 H_p は

$$H_p = H + (\sum h_l + \sum h_n) = 20 + 1.008 = 21.008 \text{ m}$$

コーヒーブレイク

城跡の井戸

小高い丘の城跡を訪ねると、深い井戸が掘ってあり、昔の人が苦労をして水をくみ上げた様子がうかがえる（図参照）。現在ならポンプを据え付けて、深い井戸からでも楽に水がくみ上げられるはずである。

ちょっと待ってほしい。深さ 30 m や 40 m の井戸からでも強力なポンプで水が吸い上げられるだろうか。いくら強力なポンプでも絶対圧 0 以下にはならない。したがって、理論的に深さ 10.33 m、実際には 8 m 程度くらいまでしか水をくみ上げることはできない。

どうすればいいのだろうか。

おわかりのように、ポンプで水を吸い上げることはできなくても押し上げることはできる。井戸の水面近くに強力なポンプを設置して水を押し上げれば、いくら深い井戸からでも楽に水をくみ上げることができる、というわけである。

図　京都亀山城（復元図）

揚水に必要な電力 S は，式 (5.69) より，つぎのように得られる。
$$S = \frac{9.8QH_p}{\eta} = \frac{9.8 \times 0.05 \times 21.008}{0.70} = 14.7 \text{ kW} \qquad \diamondsuit$$

演 習 問 題

【1】 問図 *5.1* のような毛細管を用いて，水の粘性を測定する。毛細管の内径 2 mm，長さ 25 cm，流量 4.6 cm³/s，水温 20 ℃であるとき，水の粘性係数はいくらか。

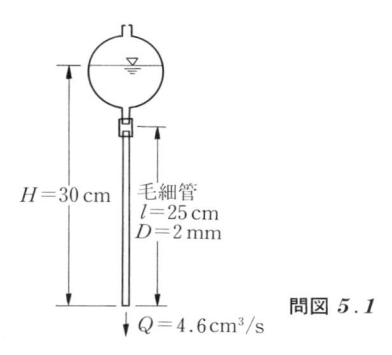

問図 *5.1*

【2】 断面積 A，粗度係数 n が等しい円形管と正方形管があり，動水勾配 I も同じになるように管を設置した。円形管と正方形管の流量の比をマニングの式により求めよ。

【3】 上下二つの水槽をコンクリート管で結び 0.045 m³/s の水を流したい。両水槽の水面差 5 m，管の長さ 150 m のとき，必要な管径を求めよ。ただし，マニングの式（$n = 0.012$）およびヘーゼン-ウィリアムスの式（$C_H = 130$）によるものとし，摩擦損失以外の損失は無視する。

【4】 上下二つの水槽を内径 5 cm，長さ 8 m の円管（$n = 0.011$）で接続している。入口は角端，途中に曲率半径 25 cm で 90°の曲がりが 2 か所ある。0.006 m³/s の水を流すには，両水槽の水位差はいくら必要か。

【5】 問図 *5.2* のように，ダムの放流口が設けられている。流入口から貯水面までの高さ x が，何 m 以下になると放流が停止されるか。ただし，$n = 0.012$，$f_e = 0.5$，$f_b = 0.4$ とする。

【6】 問図 5.3 のような枝状管路は，合流，分流いずれになるか。また，各管を流れる流量を求めよ。ただし，$n = 0.013$ とし摩擦以外の損失は無視する。

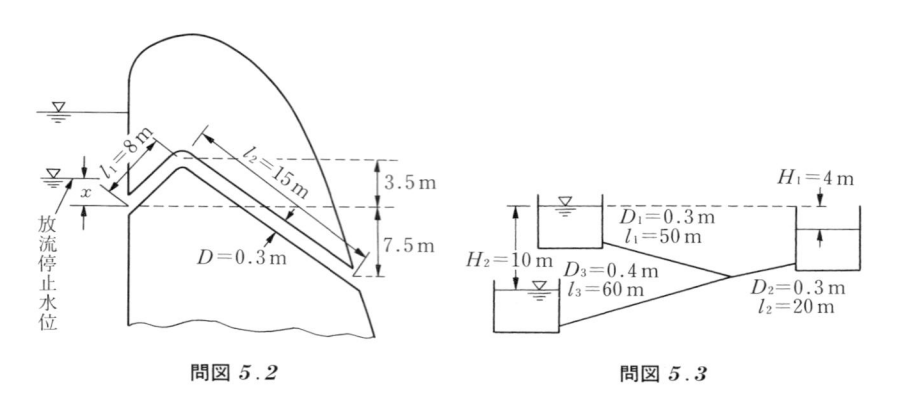

問図 5.2

問図 5.3

【7】 問図 5.4 のような管網の各管を流れる流量を求めよ。ただし，許容誤差は $0.005\,\mathrm{m^3/s}$ とする。

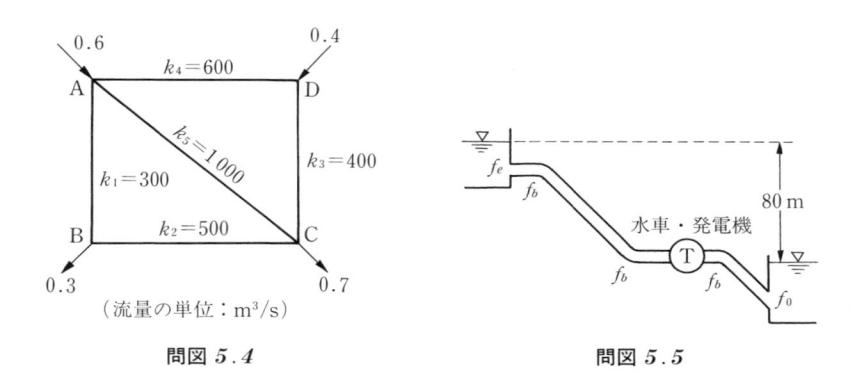

問図 5.4

問図 5.5

【8】 問図 5.5 のような水力発電所の出力を求めよ。ただし，流量 $5\,\mathrm{m^3/s}$，管径 $1\,\mathrm{m}$，管長 $200\,\mathrm{m}$，$f_b = 0.2$ の曲がりが 3 か所，$f_e = 0.5$，$n = 0.012$，水車および発電機の合成効率を 0.8 とする。

6

開水路の流れ

　3章の流れの基礎理論では完全流体の流れについて説明したが，本章では開水路で粘性をもつ現実の流れについて説明する。流れに関する問題では，3章で習った連続の式，ベルヌーイの式および運動量方程式を組み合わせて解くことができる。

6.1 開水路定常流の基礎式

　図 6.1 のような流れにおいて，摩擦による損失を考慮した開水路の流れの基礎式を導く。連続の式については 3 章の式（3.6）のように表されるが，微分表示すると式（6.1）になる。

$$\frac{dQ}{dx} = 0 \tag{6.1}$$

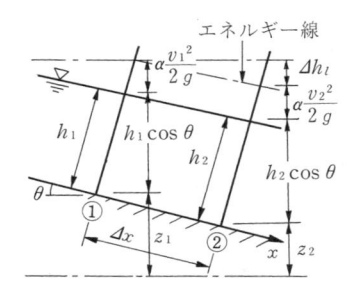

図 6.1 開水路の流れ

断面①および②においてベルヌーイの式を適用すると

$$z_1 + h_1 \cos\theta + \alpha\frac{v_1^2}{2g} = z_2 + h_2 \cos\theta + \alpha\frac{v_2^2}{2g} + \Delta h_l \tag{6.2}$$

になる。ここに，Δh_l は断面①から②の間で摩擦によって失われる損失水頭である。ここでは緩やかな勾配として理論を展開する。式（6.2）の右辺を移項して距離 Δx で割ると式（6.3）になる。

$$\frac{1}{\Delta x}(z_2 - z_1) + \frac{1}{\Delta x}(h_2 - h_1) + \frac{1}{\Delta x}\left(\alpha\frac{v_2^2}{2g} - \alpha\frac{v_1^2}{2g}\right) + \frac{\Delta h_l}{\Delta x} = 0 \quad (6.3)$$

式（6.3）についても微分表示すると式（6.4）のようになる。

$$\frac{dz}{dx} + \frac{dh}{dx} + \frac{d}{dx}\left(\frac{\alpha v^2}{2g}\right) + \frac{dh_l}{dx} = 0 \quad (6.4)$$

ここに，α はエネルギー補正係数と呼ばれるもので，開水路内の流速分布の形によって異なり，$\alpha = 1.0 \sim 1.1$ の値でほぼ一定と考えてよいので，ここでは $\alpha = 1.0$ とする。式（6.4）において，第1項は河床（水路床）勾配 i を表し，断面②の高さが低いので負号が付いて $dz/dx = -i$ と表示する。第1項＋第2項は水面勾配 I を表し，第3項まで加えたものをエネルギー勾配 I_e と称し式（6.5）のように表される。

$$I_e = i - \frac{dh}{dx} - \frac{d}{dx}\left(\frac{v^2}{2g}\right) \quad (6.5)$$

なお，$i = I = I_e$ になる流れを等流，$i \neq I$ または $i \neq I_e$ になる流れが不等流である。

6.2 常流と射流

6.2.1 限界流・フルード数

ベルヌーイの式において，河床を基準にしたエネルギー水頭 E は**比エネルギー**（specific energy）と呼ばれ，単位重量の流体がもつ全エネルギーを表している。河床勾配が小さい水路幅 B の長方形断面を考えると

$$E = \frac{v^2}{2g} + h = \frac{1}{2g}\left(\frac{Q}{Bh}\right)^2 + h \quad (6.6)$$

となる。流量 Q を一定と考えて式（6.6）を図示すれば**図 6.2** のようになり，水深 $h = h_c$ で E は最小になる。このような限界状態を表す水理量には添

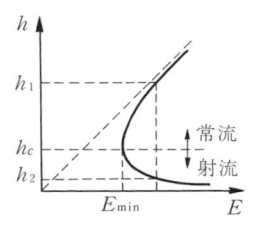

図 **6.2** 水深とエネルギーの関係

字 c を付しているが，水深の場合には**限界水深**（critical depth）と呼ばれる。水深が限界水深より大きく $h > h_c$ になる流れは常流，逆に $h < h_c$ になる流れは射流と呼ばれ，このときの水深がそれぞれ**常流水深**（subcritical depth）h_1，**射流水深**（supercritical depth）h_2 である。また両者の流れにおいて，同じエネルギーをもつ水深が二通り存在していることがわかり，これらの関係は**交代水深**（alternative depth）と呼ばれている。限界水深 h_c は，エネルギーを水深で微分することによってつぎのように求められる。

$$\frac{dE}{dh} = -\frac{1}{g}\frac{Q^2}{B^2 h^3} + 1 = 0$$

$$\therefore \quad h_c = \sqrt[3]{\frac{Q^2}{gB^2}} \tag{6.7}$$

連続の式 $Q = Bh_c v_c$ を代入すると，式 (6.8) が得られる。

$$v_c = \sqrt{gh_c} \tag{6.8}$$

このときの流速は**限界流速**（critical velocity）と呼ばれ，長波の伝播速度に等しくなる。

式 (6.6) を変形すると

$$Q^2 = 2gb^2 h^2 (E - h) \tag{6.9}$$

となる。比エネルギーを一定と考えて，Q と h の関係についても図示すると**図 6.3** のようになり，$h = h_c$ で流量は最大値を得る。前述のように $h > h_c$ のときの流れは常流，$h < h_c$ のときの流れは射流である。

このときの流量を水深について微分すると

$$2Q\frac{dQ}{dh} = 2gb^2 h (2E - 3h) = 0 \tag{6.10}$$

図 6.3 水深と流量の関係

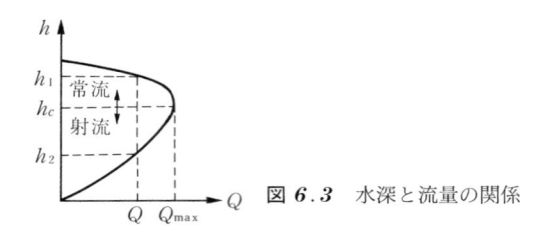

$$\therefore \quad h_c = \frac{2}{3}E \qquad (6.11)$$

となり，比エネルギーの2/3は水深で，残りのは速度水頭であることがわかる．以上より，限界水深とはつぎのように定義される．

1）一定の流量を流すとき，比エネルギーを最小にするときの水深〔**ベス (Böss) の定理**〕．

2）一定の比エネルギーのとき，最大の流量を流しうるときの水深〔**ベランジェ (Bélanger) の定理**〕．

3）長波の伝播速度に等しい流速を流しうる水深．

ところで，常流と射流を区別する指標は **3** 章でも紹介されたフルード数であるが，フルード数は流速と長波の伝播速度の比として表している．分母と分子はいずれも速度〔LT^{-1}〕の次元をもつのでフルード数は無次元となる．フルード数による流れの分類を再掲する．

$F_r < 1 \quad v < \sqrt{gh}$ 　　常　流

$F_r = 1 \quad v = \sqrt{gh}$ 　　限界流

$F_r > 1 \quad v > \sqrt{gh}$ 　　射　流

すなわち，常流の場合は長波の進む速度が流れより速いため波は上流に伝播するが，射流の場合は流れが長波の進む速度より速いため長波は下流にしか伝わらない．限界流では流れと長波の進む速度は等しくなるので，長波は静止して見える．

フルード数による流れの分類は上記の常流，限界流および射流の3種で，これらの流れの変化を流れの遷移といい，3種の流れの状態の組合せはつぎの9

種に分類される。

① 常流→常流　　② 常流→限界流　　③ 常流→射流　　④ 限界流→常流
⑤ 限界流→限界流　　⑥ 限界流→射流　　⑦ 射流→常流
⑧ 射流→限界流　　⑨ 射流→射流

これらの流れは水路の形状，流量ならびに水路内に設置された水理構造物によって変化する。長方形以外の一様断面水路の場合は，比エネルギーの式より

$$E = \frac{1}{2g}\left(\frac{Q}{A}\right)^2 + h$$

$$\frac{dE}{dh} = -\frac{1}{g}\frac{Q^2}{A^3}\frac{dA}{dh} + 1 = 0$$

となる。水面幅を B として，$dA = Bdh$ の関係式を代入して整理すると

$$\frac{Q^2}{g} = \left(\frac{A^3}{B}\right)_{h=h_c} \tag{6.12}$$

$$v_c = \sqrt{g\left(\frac{A}{B}\right)_c} = \sqrt{gD_c} \tag{6.13}$$

を得る。限界状態の流速は長波の伝播速度と等しいため，フルード数は式 (6.14) で表示される。

$$F_r = \frac{v}{\sqrt{gD}} \tag{6.14}$$

ここに，$D = A/B$ は幾何学的な平均水深で**水理水深**（hydraulic depth）と呼ばれ，断面形状を長方形に置き換えたときの水深に相当するものである。

例題 6.1 図 6.4 のように，両側壁がともに 1 : 0.5 の三角形水路に $Q = 0.2\,\mathrm{m^3/s}$ の水が流れ，水深が 40 cm であった。常流か射流かの判定をせよ。

図 6.4

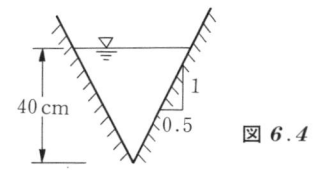

【解答】

$$A = 0.08\,\mathrm{m}^2, \qquad D = \frac{0.08}{0.4} = 0.2\,\mathrm{m}, \qquad v = \frac{0.2}{0.08} = 2.5\,\mathrm{m/s}$$

$$F_r = \frac{2.5}{\sqrt{9.8 \times 0.2}} = 1.79$$

この流れは射流である。　　　　　　　　　　　　　　　　　　　　　　　　◇

6.2.2　流積が場所的に変化する水路の流れ

流水断面積が変化する水路としては，水路幅が変化する場合と河床に突起やくぼみのある場合が考えられる。ここでは，図 **6.5** のような直線水路で水路幅が徐々に増加したのち，減少する場合を考察するが，損失は考えない。連続の式より

$$Q = Bhv$$

となり，ベルヌーイの式より比エネルギーは次式のようになる。

$$E = \frac{v^2}{2g} + h = \mathrm{const.}$$

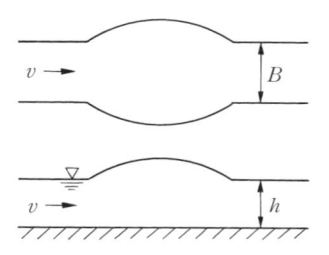

図 **6.5**　幅の変化する水路の流れ

両式をそれぞれ微分するとつぎのようになる。

$$\frac{dQ}{dx} = Bh\frac{dv}{dx} + Bv\frac{dh}{dx} + hv\frac{dB}{dx} = 0$$

$$\frac{dE}{dx} = \frac{v}{g}\frac{dv}{dx} + \frac{dh}{dx} = 0$$

両式より dv/dx を消去すると

$$\frac{dh}{dx} = \frac{h}{B}\frac{dB/dx}{1/F_r^2 - 1} \tag{6.15}$$

となる。流れの全領域が常流のときは $F_r < 1$ で分母が正となるので，dh/dx は dB/dx と同符号になる。したがって，図 **6.5** に示すように水深は水路幅の拡大部で増加して最大値を示したのち，縮小部では減少していく。もし，流れが射流なら逆の現象になる。

例題 6.2 図 **6.6** に示すように水路の中に突起物があり，その上を単位幅流量 q なる水が流れる。突起物上流では常流の流れであったものが，下流では射流になる遷移流の水面形について考察せよ。

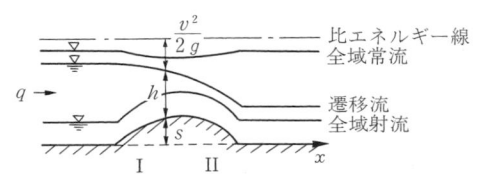

図 **6.6**

【解答】 連続の式を微分する。

$$\frac{dq}{dx} = \frac{d(hv)}{dx} = h\frac{dv}{dx} + v\frac{dh}{dx} = 0$$

同様に，ベルヌーイの式を全水頭 H について微分する。

$$\frac{dH}{dx} = \frac{d}{dx}\left(\frac{v^2}{2g} + h + s\right) = \frac{v}{g}\frac{dv}{dx} + \frac{dh}{dx} + \frac{ds}{dx} = 0$$

二つの式より dv/dx を消去すると次式になる。

$$\frac{dh}{dx} = -\frac{ds/dx}{1 - F_r^2}$$

上式より，常流では $F_r < 1$ ゆえに分母は正，射流では $F_r > 1$ ゆえに分母が負になることを考慮すると，dh/dx と ds/dx の関係は常流では異符号に，射流では同符号になることがわかる。なお，dh/dx が有限であるためには，$ds/dx \to 0$ のとき，$F_r \to 1$ でなくてはならない。したがって，常流から射流になる流れの水面変化はつぎのようになる。

	(ds/dx)	(dh/dx)
領域 I	正	負
突起頂点	0	有限（負）
領域 II	負	負

これらの関係を図示したものが遷移流の水面であり，突起頂点で常流から射流に遷移し，この断面は**支配断面**（control section）と呼ばれる。参考のために，流れの

122   6. 開水路の流れ

全領域が常流である場合および射流である場合の水面形も図 **6.6** に併記した。　◇

6.2.3 跳　　水

ダムを越えて副ダムに当たる流れのように，射流から常流になる現象を**跳水**（ちょう）（hydraulic jump）という。このときの射流水深 h_1 と常流水深 h_2 の比には対応関係があり，両水深をたがいに**共役水深**（conjugate depth）と呼ぶ。ここでは，共役水深とエネルギー損失の関係式を，それぞれの水深を用いて表示する方法を説明する。図 **6.7** のような検査領域で運動量方程式を考えるが，水路底に働くせん断力は無視する。

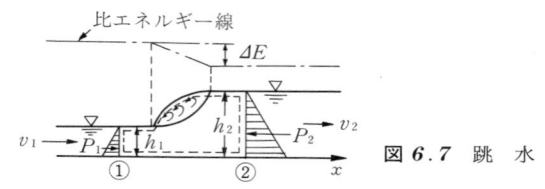

図 **6.7** 跳　水

単位幅で考えると次式のようになるが，P_1 と P_2 は両断面における静水圧である。

$$P_1 - P_2 = \rho q (v_2 - v_1), \quad q = h_1 v_1 = h_2 v_2 \text{ より}$$

$$\frac{\rho g}{2}(h_1^2 - h_2^2) = \rho q^2 \left(\frac{1}{h_2} - \frac{1}{h_1}\right)$$

$$\frac{g}{2}(h_1^2 - h_2^2) = v_1^2 h_1 \left(\frac{h_1 - h_2}{h_2}\right)$$

$$\frac{g}{2}\left(\frac{h_2}{h_1}\right)(h_1 + h_2) = v_1^2 \tag{6.16}$$

となる。$2/(gh_1)$ を掛けて整理すると次式になる。

$$\left(\frac{h_2}{h_1}\right)^2 + \frac{h_2}{h_1} - 2\frac{v_1^2}{gh_1} = 0$$

ここで，断面①のフルード数 $F_{r1}^2 = v_1^2/(gh_1)$ を利用して 2 次方程式の解を求め，物理的に意味のない負の解を除くと

$$\frac{h_2}{h_1} = \frac{1}{2}\left(-1 + \sqrt{1 + 8F_{r1}^2}\right) \tag{6.17}$$

が得られる．また，このときのエネルギーの減少量は次式になる．

$$\Delta E = \left(\frac{v_1^2}{2g} + h_1\right) - \left(\frac{v_2^2}{2g} + h_2\right) = \frac{v_1^2}{2g}\left\{1 - \left(\frac{h_1}{h_2}\right)^2\right\} + (h_1 - h_2)$$

ここで，式（6.16）を用いて v_1^2 を消去すると式（6.18）を得る．

$$\Delta E = \frac{(h_2 - h_1)^3}{4h_1 h_2} \tag{6.18}$$

例題 6.3 図 6.8 のように，射流状態の流れの中にシル（段上がり）を設けた場合，跳水はシルの前面で終わりシル上で水深が下がる．このような場合の h_3/h_1 の水深関係を求めよ．

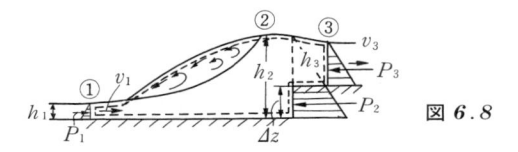

図 6.8

【解答】 図の断面②の水深は，h_1 の共役水深 h_2 となるが，シル前面における水深はほぼ h_2 に等しく，シル前面に作用する圧力は静水圧分布をなすものとする．断面①および③の間に運動量の方程式を適用すると

$$\rho q(v_3 - v_1) = \rho q^2\left(\frac{1}{h_3} - \frac{1}{h_1}\right) = \frac{1}{2}\rho g h_1^2 - \frac{1}{2}\rho g h_3^2 - \frac{\rho g}{2}\Delta z(2h_2 - \Delta z)$$

となり，両辺を $\rho g h_1^2$ で割り，$F_{r1}^2 = q^2/(gh_1^3)$ を導入して整理すると

$$\left(\frac{h_3}{h_1}\right)^2 = 1 + 2F_{r1}^2\left(1 - \frac{h_1}{h_3}\right) - \frac{2\Delta z}{h_1}\frac{h_2}{h_1} + \left(\frac{\Delta z}{h_1}\right)^2$$

となる．h_2/h_1 に共役水深の関係式（6.17）を代入すると次式を得る．

$$\left(\frac{h_3}{h_1}\right)^2 = 1 + 2F_{r1}^2\left(1 - \frac{h_1}{h_3}\right) - \frac{\Delta z}{h_1}\left(\sqrt{1 + 8F_{r1}^2} - 1\right) + \left(\frac{\Delta z}{h_1}\right)^2 \quad \diamondsuit$$

6.3 開水路の等流

水路勾配が一定で，断面形状の変化がない長い水路に定常流量の水を流すと，水深や流速が一定で水面勾配線とエネルギー線が水路床に平行な流れとなる．

このような流れが等流であり，それぞれの勾配が同じになることより，本節では勾配として I を用いている．

6.3.1 平均流速公式

等流計算においては，理論的には対数則，経験則としてマニング式とシェジー式がよく用いられている．対数則は，円管における 5 章の流速分布式 (5.16) を開水路に適用して

$$\frac{v}{u_*} = \frac{1}{h}\int_0^h \frac{u}{u_*} dz \tag{6.19}$$

より平均流速を求める．その結果，管水路と同様に式 (6.20) で開水路等流の平均流速が求められる．

$$\left.\begin{array}{l} \text{滑面での平均流速：} \dfrac{v}{u_*} = 3.0 + 5.75 \log_{10} \dfrac{u_* h}{\nu} \\[4pt] \text{遷移領域での平均流速：} \dfrac{v}{u_*} = f\left(\dfrac{u_* k}{\nu}\right) - 2.5 + 5.75 \log_{10} \dfrac{h}{k} \\[4pt] \text{粗面での平均流速：} \dfrac{v}{u_*} = 6.0 + 5.75 \log_{10} \dfrac{h}{k} \end{array}\right\} \tag{6.20}$$

ここに，h は水深，u は河床から距離 z における流速，u_* は摩擦速度，f は $u_* k/\nu$ によって表される値，k は壁面の粗さの平均高さ，ν は水の動粘性係数である．

つぎに，経験則について説明する．等流の場合，図 **6.9** のように水に働く重力の流れの方向成分と水路の壁面から受ける摩擦力とがつりあって水が加速されない状態である．壁面沿いに働くせん断応力を τ とし，l だけ離れた二つの断面に働く静水圧 P_1，P_2 とすると，長さ l の部分に働く力のつりあい式は

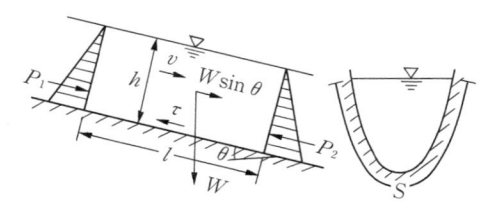

図 **6.9** 流れに働く力

$$P_1 + W\sin\theta - P_2 - \tau Sl = 0$$

となる。等流であるから $P_1 = P_2$ であり，勾配 $I = \sin\theta$ とすれば

$$\tau Sl = \rho g A l I$$

となり，さらに整理して式 (6.21) を得る。

$$\tau = \rho g R I \tag{6.21}$$

ところで，幅広の長方形水路における径深は

$$R = \frac{Bh}{B+2h} = \frac{h}{1+2h/B} \approx h \tag{6.22}$$

で近似されるため，実河川におけるせん断応力は $\tau = \rho g h I$ で表示されることが多い。

管水路における摩擦損失はダルシー–ワイズバッハの式で表されたが，開水路でも同様に式 (6.23) で表すことができる。ここに，f' は代表長さを径深にしたときの摩擦損失係数である。

$$h_l = f'\frac{l}{R}\frac{v^2}{2g} \tag{6.23}$$

式 (6.23) を式 (6.21) に代入すると，$I = h_l/l$ より

$$\tau = \rho g R f'\frac{1}{R}\frac{v^2}{2g} = \frac{f'}{2}\rho v^2$$

となり，この表示法を用いて，力のつりあい式 (6.21) に代入し，定数を C として整理すれば式 (6.24) を得る。

$$v = C\sqrt{RI} \tag{6.24}$$

式 (6.24) は**シェジーの公式**と呼ばれるものである〔**5**章の式 (5.36) 参照〕。C はシェジーの係数で，河床や流れの条件によって変化する。

一方，マニングは実験結果を整理して次式のような**マニングの公式**を提案した〔**5**章の式 (5.38) 参照〕。

$$v = \frac{1}{n}R^{2/3}I^{1/2} \tag{6.25}$$

$$Q = A\frac{1}{n}R^{2/3}I^{1/2} \tag{6.26}$$

ここに，n はマニングの粗度係数である。粗度係数は，流れの抵抗を表すパラメータで，水路の表面の性質，水路に存在する障害物の特性に応じて定まる。ここで注意すべきことは，C と n はそれぞれ次元をもっているため，計算にあたっては〔m・s〕の単位を用いる必要がある。**表 6.1** には，開水路におけるマニングの粗度係数と水路状況の関係が表示されている。

表 6.1 河川や水路の状況と粗度係数の範囲

河川や水路の状況		マニングの n の範囲
人工水路・改修河川	コンクリート人工水路	0.014〜0.020
	スパイラル半管水路	0.021〜0.030
	両岸石張小水路（泥土床）	0.025（平均値）
	岩盤掘放し	0.035〜0.05
	岩盤整正	0.025〜0.04
	粘土性河床，洗掘のない程度の流速	0.016〜0.022
	砂質ローム，粘土質ローム	0.020（平均値）
	ドラグライン掘しゅんせつ，雑草少	0.025〜0.033
自然河川	平野の小流路，雑草なし	0.025〜0.033
	平野の小流路，雑草，灌木あり	0.030〜0.040
	平野の小流路，雑草多，礫河床	0.040〜0.055
	山地流路，砂利，玉石	0.030〜0.050
	山地流路，玉石，大玉石	0.040 以上
	大流路，粘土，砂質床，蛇行少	0.018〜0.035
	大流路，礫河床	0.025〜0.040

例題 6.4 n と C と f' の間に成り立つ関係式を導け。

【解答】 マニングの粗度係数 n，シェジーの係数 C とダルシー–ワイズバッハの式の摩擦損失係数 f' の間にはつぎのような関係がある。

$$v = \frac{1}{n} R^{2/3} I^{1/2} \quad \cdots\cdots ①$$

$$v = C\sqrt{RI} \quad \cdots\cdots ②$$

$$h_l = f' \frac{l}{R} \frac{v^2}{2g} \quad \cdots\cdots ③$$

①＝②より　$n = \dfrac{R^{1/6}}{C}$

②＝③より　$f' = \dfrac{2g}{C^2}$

①と③より $n^2 = \dfrac{f'R^{1/3}}{2g}$ が得られる。　　　　　　　　　　　◇

6.3.2 等流の計算

経験則として広く用いられているマニング式による等流の計算方法を説明する。等流状態で流れる開水路の水深を特に等流水深と呼び h_0 で表すが，幅の広い長方形断面水路では，式 (6.26) に $A = Bh$, $R \approx h$ を代入して変形することにより式 (6.27) で表せる。

$$h_0 = \left(\dfrac{Qn}{BI^{1/2}}\right)^{3/5} \tag{6.27}$$

ところで，現実に多く見られる台形断面水路や下水道に見られる円形水路の計算においては，径深 R をそのまま用いる必要がある。そのため，流積 A，潤辺 S，径深 R などと形状要素（水路幅，水深など）との関係を求めておくと便利であり，これらの関係をまとめると**表 6.2** になる。

下水管のように，上部の閉じた開水路では各水深 h に対する流速 v，流量

表 6.2 水路断面の形状要素

断面形	流積 A	潤辺 S	径深 R	水面幅 B	水深 h
長方形	bh	$b+2h$	$\dfrac{bh}{b+2h}$	b	h
台形	$(b+mh)h$	$b+2\sqrt{1+m^2}\,h$	$\dfrac{(b+mh)h}{b+2\sqrt{1+m^2}\,h}$	$b+2mh$	h
円形	$\dfrac{D^2}{8}(\theta-\sin\theta)$ θ：ラジアン	$\dfrac{D}{2}\theta$	$\dfrac{D}{4}\left(1-\dfrac{\sin\theta}{\theta}\right)$	$D\sin\dfrac{\theta}{2}$ あるいは $2\sqrt{h(D-h)}$	$\dfrac{D}{2}\left(1-\cos\dfrac{\theta}{2}\right)$

Q, 潤辺 S, 流積 A, 径深 R を満水時のそれぞれの値で割って図示しておけば, 任意の水深に対する水理量を求めるのに実用上便利である。これらの関係を図 **6.10** に示すが, この曲線を**水理特性曲線**（flow characteristics）と呼んでいる。

図から明らかなように, 流量, 流速および径深の最大値は満水時でなく, それよりも水深がやや小さいときに現れている。流速の最大値は $h = 0.813\,D$, 流量の最大値は $h = 0.938\,D$ のときである。

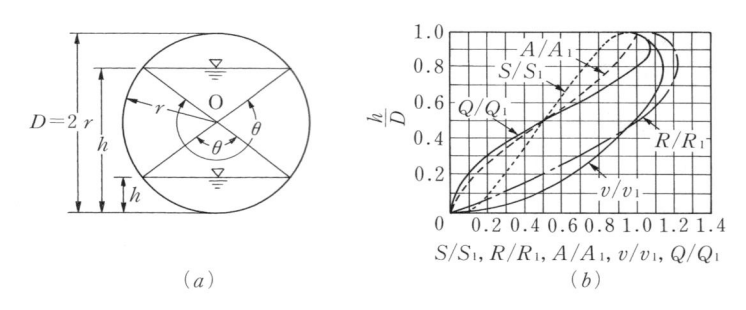

図 6.10 円形断面水路の水理特性曲線

例題 6.5 1）幅 5 m, 勾配 1/800 の長方形コンクリート水路に, 11 m³/s の水を流すとき等流水深はいくらか。マニング式を用いて計算せよ。広長方形水路と考える場合と幅が広くないと考える場合に分けて計算せよ。

2）限界水深はいくらか。

3）この流れは常流か射流か。ただし, 粗度係数 $n = 0.014$ とする。

【解答】 1） マニング式による計算

式 (6.26) より $Q = Bh \dfrac{1}{n}\left(\dfrac{h}{1+2h/B}\right)^{2/3} I^{1/2}$ なので

$$h^{5/3} = \dfrac{Qn}{BI^{1/2}}\left(1+\dfrac{2h}{B}\right)^{2/3}, \quad \therefore\ h = \left(\dfrac{Qn}{BI^{1/2}}\right)^{3/5}\left(1+\dfrac{2h}{B}\right)^{2/5} \quad \cdots\cdots\cdots ①$$

となり, 広長方形水路の場合は式 (6.27) を用いればよく

$$h_0 = \left(\dfrac{Qn}{BI^{1/2}}\right)^{3/5} = \left(\dfrac{11\times 0.014}{5\times \sqrt{1/800}}\right)^{3/5} = 0.921\,\text{m}$$

となる。幅が広くないとする場合には, $h_* = 0.921\,\text{m}$ を第 1 近似として式①の右

辺に入れると
$$h_2 = h_* \left(1 + \frac{2h}{B}\right)^{2/5} = 0.921 \times \left(1 + \frac{2 \times 0.921}{5}\right)^{2/5} = 1.044 \text{ m}$$
が求まる。$h_2 = 1.044$ m を第2近似値として以下同様な手順を繰り返すと、第4近似で十分で $h = 1.060$ m となる。

2) 限界水深は式（6.7）よりつぎのように求まる。
$$h_c = \sqrt[3]{\frac{11^2}{9.8 \times 5^2}} = 0.79 \text{ m}$$

3) $h_0 > h_c$ になるので常流である。 ◇

例題 6.6 長方形断面水路で水理学的に有利な断面形状を求めよ。水理学的に有利な断面とは、流水断面積の大きさと勾配が一定のとき、潤辺を最小にさせて最大の流量が流れる水路である。

【解答】 マニングの式
$$Q = A \frac{1}{n} R^{2/3} I^{1/2}$$
において、題意より流積 A、勾配 I、さらに粗度係数 n は一定なので、径深 R が最大になれば流量 Q が最大になることがわかる。つまり、$R = A/S$ より、潤辺 S が最小になればよいのだから
$$S = B + 2h = \frac{A}{h} + 2h$$
$$\frac{dS}{dh} = -\frac{A}{h^2} + 2 = -\frac{B}{h} + 2 = 0, \quad B = 2h$$
となる。すなわち、水路幅が水深の2倍になる長方形水路となる。 ◇

6.4 開水路の不等流

6.4.1 一様断面水路の不等流

断面形状、水路勾配、粗度が変化しない水路を**一様断面水路**（prismatic channel）と呼んでいる。一様断面水路は現実の河川に多く見られるものではないが、不等流を理解するうえで重要と思われる。

流れの方程式（6.4）に**3**章の連続の式（3.6）を代入し，$dz/dx = -i$ とする。

$$-i + \frac{dh}{dx} + \frac{\alpha}{2g}\frac{d}{dx}\left(\frac{Q}{A}\right)^2 + \frac{dh_l}{dx} = 0 \tag{6.28}$$

摩擦損失水頭 h_l にダルシー-ワイズバッハの式（6.23）を適用すると次式を得る。

$$-i + \frac{dh}{dx} + \frac{\alpha Q^2}{2g}\frac{d}{dx}\left(\frac{1}{A^2}\right) + f'\frac{Q^2}{2gRA^2} = 0$$

開水路では，水面幅を B とすると $dA/dh = B$ と書けるので

$$\frac{d}{dx}\left(\frac{1}{A^2}\right) = \frac{d}{dA}\left(\frac{1}{A^2}\right)\frac{dA}{dx} = -\frac{2}{A^3}\frac{dA}{dh}\frac{dh}{dx} = -\frac{2B}{A^3}\frac{dh}{dx}$$

となり

$$-i + \frac{dh}{dx} - \frac{\alpha Q^2 \times 2B}{2gA^3}\frac{dh}{dx} + f'\frac{Q^2}{2gRA^2} = 0$$

$$\frac{dh}{dx} = \frac{i - f'\{Q^2/(2gRA^2)\}}{1 - \alpha Q^2 B/(gA^3)} \tag{6.29}$$

と表される。いま，簡単のために広長方形断面水路（$B \gg h$）で，等流の場合の摩擦抵抗係数を，この場合にも近似的に用いることができると仮定する。限界水深の式（6.7）およびシェジーの公式（6.24）を用いて整理すると式（6.30）が得られる。

$$\frac{dh}{dx} = i\frac{1 - (h_0/h)^3}{1 - (h_c/h)^3} \tag{6.30}$$

ここに，h：水深，x：距離，i：河床勾配，h_0：等流水深，h_c：限界水深である。シェジー式のかわりにマニング式（6.25）を適用するならば

$$\frac{dh}{dx} = i\frac{1 - (h_0/h)^{10/3}}{1 - (h_c/h)^3} \tag{6.31}$$

となる。ところで，式（6.30），（6.31）においては，$h = h_c$ で $dh/dx = +\infty$ は限界水深を定義づけることになる。このような限界水深の定義づけは，ブレスの定理と呼ばれ，**6.2.1**項の定義と合わせて限界水深の定義は四つになる。

式 (6.30) を積分すると式 (6.32) になる。

$$ix = h - h_0\left\{1 - \left(\frac{h_c}{h_0}\right)^3\right\}\left\{\frac{1}{6}\log_e\frac{h^2 + hh_0 + h_0^2}{(h-h_0)^2} + \frac{1}{\sqrt{3}}\tan^{-1}\frac{2h + h_0}{\sqrt{3}\,h_0}\right\} + K$$

(6.32)

積分定数 K は，$x = 0$ で $h = h_1$ (与えられた水深)を境界条件として決定される。常流 ($h > h_c$) のときには，境界条件地点 $x = 0$ より上流側 $x < 0$ の範囲を考えるので $x = -l$ とおき，式 (6.32) の K を求めて整理すると式 (6.33) のようになる。

$$il = h_1 - h + h_0\left\{1 - \left(\frac{h_c}{h_0}\right)^3\right\}\{\phi(h) - \phi(h_1)\} \quad (6.33)$$

$$\phi(h) = \frac{1}{6}\log_e\frac{h^2 + hh_0 + h_0^2}{(h-h_0)^2} + \frac{1}{\sqrt{3}}\tan^{-1}\frac{2h + h_0}{\sqrt{3}\,h_0}$$

コンピュータが普及する以前には，ブレスによってまとめられた関数表が使用されていたが，最近ではコンピュータの発達により式 (6.33) を簡単に計算できるようになっている。また，式 (6.30) や式 (6.31) は，**ルンゲ-クッタ法** (Runge-Kutta method) で容易に計算でき，パソコンの表計算ソフトなどを用いると，いっそう便利に水面形を計算することができる。

6.4.2 不等流の水面形状の分類

式 (6.30)，(6.31) からわかるように，水面形状は i, h_0, h_c, h の組合せによって種々の性質をもつ。水理学においては，同式の分子および分母が 0 になる水深が特に重要となる。このような点に注意を払いながら，一般の水路は $i \geqq 0$ と考えられるので，正の緩勾配ならびに急勾配水路における水面形状について**表 6.3** を用いて説明する。なお，矢印は **6.5** 節で計算される不等流計算の方向を示している。

等流水深が限界水深に等しくなる水路床勾配を限界勾配 i_c という。水路床

表 6.3 水面形状の分類

$i < i_c$ 緩勾配	M_1 図	M_2 図	M_3 図
	堰上げ，常流 $h > h_0 > h_c$ $\dfrac{dh}{dx} = \dfrac{\oplus}{\oplus} = \oplus$ $h \Rightarrow h_c$(存在しない)	低下背水，常流 $h_0 > h > h_c$ $\dfrac{dh}{dx} = \dfrac{\ominus}{\oplus} = \ominus$ $h \Rightarrow h_c, \dfrac{dh}{dx} = -\infty$	跳水前，射流 $h_0 > h_c > h$ $\dfrac{dh}{dx} = \dfrac{\ominus}{\ominus} = \oplus$ $h \Rightarrow h_c, \dfrac{dh}{dx} = +\infty$
$i > i_c$ 急勾配	S_1 図	S_2 図	S_3 図
	跳水後，常流 $h > h_c > h_0$ $\dfrac{dh}{dx} = \dfrac{\oplus}{\oplus} = \oplus$ $h \Rightarrow h_c, \dfrac{dh}{dx} = +\infty$	低下背水，射流 $h_c > h > h_0$ $\dfrac{dh}{dx} = \dfrac{\oplus}{\ominus} = \ominus$ $h \Rightarrow h_c, \dfrac{dh}{dx} = -\infty$	背水，射流 $h_c > h_0 > h$ $\dfrac{dh}{dx} = \dfrac{\ominus}{\ominus} = \oplus$ $h \Rightarrow h_c$(存在しない)

　勾配 i が $i < i_c$ となる水路を**緩勾配水路**（mild slope channel）といい，水深はつねに $h_0 > h_c$ となる．反対に $i > i_c$ となる水路を**急勾配水路**（steep slope channel）といい，水深は $h_0 < h_c$ の範囲となる．図中の M_1 曲線は堰の上流などに見られる水面形で，（堰上げ）背水曲線と呼ばれる．一方，M_2 曲線は段落部や勾配急変部で見られるような水面形で，低下背水曲線と呼ばれる．水深が急減する途中で $h = h_c$ になる断面は**支配断面**（control section）と呼ばれ，$F_r = 1$ になっている．また，水門の下流などに見られる M_3 は露出射流と呼ばれる．急勾配水路の水面形は勾配変化部の上下流などでよく見られる．

　上述の説明から明らかなように，常流の水面形（M_1，M_2，S_1）は，下流側の水深が任意であっても上流では等流水深に近づいている．射流の水面形

6.4 開水路の不等流

(M_3, S_2, S_3)は上流側の水深が任意であっても,下流では等流水深に近づいている。すなわち,長波の伝播速度と流速の関係でも説明されたように,常流の場合,流れの変化は下流から上流へ及び,射流ではつねに流れは上流から下流に変化する。そのため,流れの計算は常流においては下流から上流へ,射流においては上流から下流へ進めなければならない。したがって,境界条件となる水深については常流では最下流端,射流では最上流端にとる必要がある。

6.4.3 勾配変化部の水面形

〔1〕 **緩勾配から急勾配への変化部** 図 **6.11** のように緩勾配から急勾配への変化部においては,M_2 から S_2 曲線に接続し,勾配変化点においては支配断面が現れる。

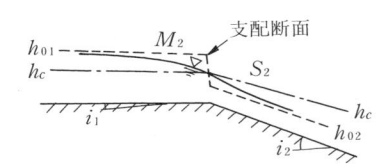

図 6.11 緩勾配から急勾配部への流れ

〔2〕 **急勾配から緩勾配への変化部** 図 **6.12**(a) のように急勾配から緩勾配への変化部では,水面形は跳水を伴って変化する。断面①の水深が急

(a) 急勾配から緩勾配への変化

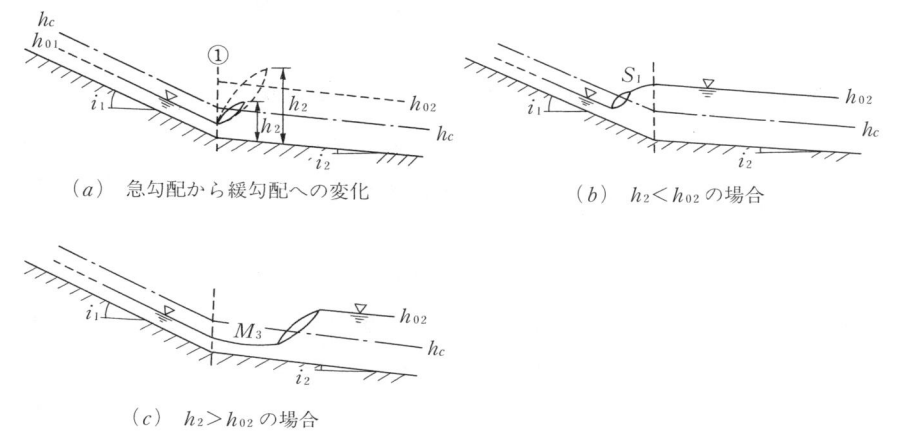

(b) $h_2 < h_{02}$ の場合

(c) $h_2 > h_{02}$ の場合

図 6.12 急勾配から緩勾配への流れ

134   6. 開水路の流れ

勾配水路での等流水深 h_{01} として共役水深 h_2 を計算すると，h_2 が緩勾配水路での等流水深 h_{02} より小さい場合と大きい場合があり，それぞれ水面形はつぎのようになる。

$h_2 < h_{02}$ の場合： 図 (b) のように急勾配水路上で跳水し S_1 曲線から下流側水面へとつながる。

$h_2 > h_{02}$ の場合： 図 (c) のように緩勾配水路上に露出射流 M_3 ができ，跳水した後下流側水面へとつながる。

〔3〕 **その他の例**　上流が貯水池につながり，下流が緩勾配から急勾配に変化する水路にゲート，勾配急変点ならび堰が置かれた場合の水面形を考えてみると，図 **6.13** のように表される。

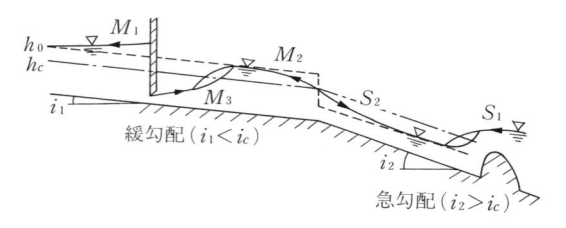

図 **6.13**　水面形状の例

6.5　不等流の水面形計算法

一様断面水路，特に広長方形断面水路については，**6.4** 節で示したように水面形を容易に計算することができる。しかし，実際の河川では断面形や勾配，粗度係数などが変化するので，水面形の計算にはつぎに示すような逐次計算法が一般に用いられる。

断面形に応じて計算区間を分割して水深を逐次計算していく方法を**標準逐次計算法**（standard step method）と呼び，実河川に広く用いられている。流れの基礎式（6.2）において，摩擦損失水頭 Δh_l にマニング式を適用したものである。マニング式を変形すると式（6.34）になる。実河川では，M_1，M_2 曲線の計算が行われることが多いので，図 **6.14** のように下流側を断面①，

6.5 不等流の水面形計算法

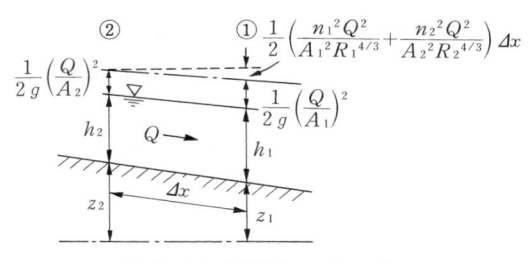

図 6.14 両断面のエネルギー

上流側を断面②と表している。

$$\frac{\Delta h_l}{\Delta x} = I_e = \frac{n^2 Q^2}{A^2 R^{4/3}} \tag{6.34}$$

両断面の平均値を用いて Δh_l を表すと

$$\Delta h_l = \frac{\Delta x}{2}\left(\frac{n_1^2 Q^2}{A_1^2 R_1^{4/3}} + \frac{n_2^2 Q^2}{A_2^2 R_2^{4/3}}\right) \tag{6.35}$$

を得る。これを式 (6.3) に代入すると式 (6.36) になる。

$$h_2 + z_2 + \frac{1}{2g}\left(\frac{Q}{A_2}\right)^2 - \frac{n_2^2 Q^2}{A_2^2 R_2^{4/3}}\frac{\Delta x}{2}$$
$$= h_1 + z_1 + \frac{1}{2g}\left(\frac{Q}{A_1}\right)^2 + \frac{n_1^2 Q^2}{A_1^2 R_1^{4/3}}\frac{\Delta x}{2} \tag{6.36}$$

図 6.14 のように，Q，n_1，n_2，z_1，z_2 および Δx は既知で，A と R は h の関数として表示される。また，河川の流れは一般には常流であるので境界条件としては下流端における水位が与えられる。すなわち，境界条件として下流側水深 h_1 が与えられて式 (6.36) の右辺が先に計算できる。つぎに，上流側水深 h_2 を種々仮定して式 (6.36) の左辺を計算する。右辺と左辺の差が許容誤差以内になれば，そのときの h_2 を求める断面②の水深とする。同様に，順次上流に計算していくと各断面の水深が求まる。

本計算法において重要になるのが粗度係数 n の算定であり，n の値は各河川や場所によって異なるため，この値の精度が計算精度に大きく影響する。実際の不等流計算においては，洪水痕跡水位を利用して粗度係数を検証したのち，所定の計算が行われている。また Δx の適切な長さは，断面変化の激しい

水路では速度水頭や渦による損失の項の影響が大きくなるので，Δx をあまり小さくとることに意味はなく，川幅の2倍程度以上が適当であるといわれている。

例題 6.7 図 6.15 のような勾配をもつ長方形断面水路がある。断面①の水深を 3.0 m とする場合の背水曲線を求めよ。ただし，流量 $Q = 200 \text{ m}^3/\text{s}$，粗度係数 $n = 0.025$ とする。

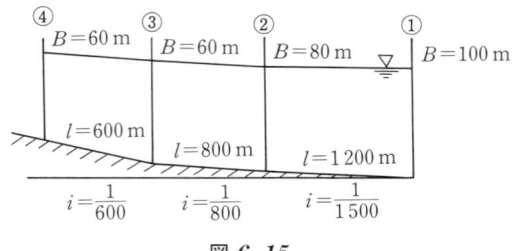

図 6.15

【解答】 水路幅が各点で変化しているので逐次計算を使用する。
［断面②の計算］
式 (6.36) を変形すると次式になる。

$$h_2 = h_1 + (z_1 - z_2) + \frac{Q^2}{2g}\left(\frac{1}{A_1^2} - \frac{1}{A_2^2}\right) + \frac{Q^2 n^2 \Delta x}{2}\left(\frac{1}{A_1^2 R_1^{4/3}} + \frac{1}{A_2^2 R_2^{4/3}}\right)$$

まず最初に，$h_2 = 2.5$ m と仮定して計算すれば

$z_1 - z_2 = -0.8$ m

$\dfrac{Q^2}{2g}\left(\dfrac{1}{A_1^2} - \dfrac{1}{A_2^2}\right) = -0.028$ m

$\dfrac{Q^2 n^2 \Delta x}{2}\left(\dfrac{1}{A_1^2 R_1^{4/3}} + \dfrac{1}{A_2^2 R_2^{4/3}}\right) = 0.161$ m

∴　$h_2 = 2.333$ m

が求まる。この値は最初に仮定した値 $h_2 = 2.5$ m と一致しないので，計算をさらに繰り返すと，$h_2 = 2.353$ m となる。順次同様にして $h_3 = 1.772$ m，$h_4 = 1.560$ m と計算される。　　◇

6.6　開水路の非定常流

非定常流の特徴的なものとして，水門開放時の段波や洪水流などがあげられ

6.6 開水路の非定常流

る。これらの流れは定まった点において水深ならびに流速が時間とともに変化する非定常流である。

ここでは洪水流を解明する一つの方法について説明する。洪水流の現象を厳密に解くためには，不定流の運動方程式と連続の式の解を求める必要がある。運動方程式については管路と同様に式（6.37）を用いる。

$$\frac{1}{g}\frac{\partial v}{\partial t} - i + \frac{\partial h}{\partial x} + \frac{\partial}{\partial x}\left(\frac{v^2}{2g}\right) + \frac{\partial h_l}{\partial x} = 0 \qquad (6.37)$$

連続の式については，図 6.16 のように dx 離れた 2 断面間の dt 時間の体積変化を考えると次式になる。

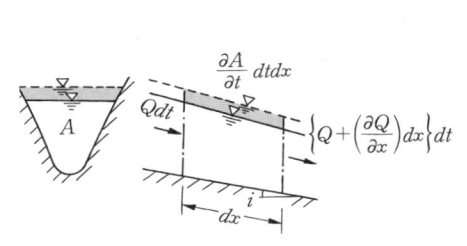

図 6.16 非定常流の連続方程式

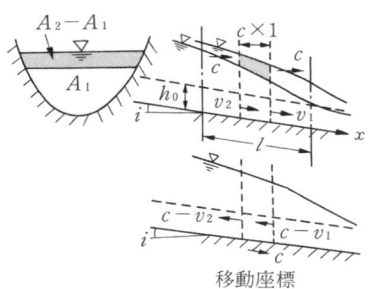

図 6.17 洪水波の伝播速度

コーヒーブレイク

堰を越える流れ

堰を越える流れは，堰上流では常流であるが，堰頂上で限界流になり，さらに射流となって流れ下る。堰下流で跳水が起こり，射流から常流になる(図参照)。

図　徳島県那賀川の北岸堰

$$Qdt - \left\{Q + \left(\frac{\partial Q}{\partial x}\right)dx\right\}dt = \frac{\partial A}{\partial t}dtdx$$

整理して式 (6.38) を得る。

$$\frac{\partial A}{\partial t} + \frac{\partial Q}{\partial x} = 0 \qquad (6.38)$$

これら二つの方程式を厳密に解くことは困難なので，ある程度の仮定や省略を行って解くことが多い。解法としては，図解法やコンピュータによる数値解法などがある。ここではかなり古典的なものであるが**クライツ-セドン** (Kleiz-Seddon) **の法則**を紹介する。図 6.17 のような洪水流を考え，洪水の波形や伝播速度 c は変化しないと仮定すると，単位時間当りに対する連続条件は式 (6.39) になる。

$$A_2 v_2 - A_1 v_1 = c(A_2 - A_1) \qquad (6.39)$$

c について微分形で表示すると

$$c = \frac{d(Av)}{dA} = v + A\frac{dv}{dA} \qquad (6.40)$$

になる。広幅長方形水路においては，$dA = Bdh$ となり，流速 v をシェジーの式 $v = C\sqrt{RI}$ を用いて式 (6.40) で整理すると

$$c = \frac{3}{2}v \qquad (6.41)$$

となる。同様にマニングの式を用いると

$$c = \frac{5}{3}v \qquad (6.42)$$

となり，一般の河川では $c = (1.3\sim1.7)v$ になることが知られている。また，洪水流の特徴としては水理量の発生する時刻が一致しないことであり，一般には水面勾配，流速，流量，水位の順に最大値が現れている。

演 習 問 題

【1】 理論的に求める開水路の平均流速は，管水路の場合と同様に流速分布式から求めることができる。

演 習 問 題

層流の流速分布：$\dfrac{u}{u_*} = \dfrac{u_*}{\nu}\left(z - \dfrac{z^2}{2h}\right)$

乱流の流速分布：

滑面水路：$\dfrac{u}{u_*} = 5.5 + 5.75 \log_{10} \dfrac{u_* z}{\nu}$

粗面水路：$\dfrac{u}{u_*} = 8.5 + 5.75 \log_{10} \dfrac{z}{k}$

上式より，開水路における平均流速式を求めよ．

【2】 広長方形の水平な水路上で跳水が起こっている．単位幅当り流量 $2.5\,\mathrm{m^3/s}$，跳水後の水深が $1.4\,\mathrm{m}$ のとき，跳水前の水深（共役水深）および跳水による損失水頭を求めよ．

【3】 問図 **6.1** のような水路に $30\,\mathrm{m^3/s}$ の水が流れている．$I = 1/500$, $n = 0.015$ とすると水深はいくらか．ただし，$m = 2$ とする．

問図 **6.1**

問図 **6.2**

【4】 問図 **6.2** のような台形断面水路において，水理学的に有利な断面形はどのようなものか．

【5】 問図 **6.3** のような縦断勾配で，幅 $10\,\mathrm{m}$ の長方形断面水路がある．流量 $65\,\mathrm{m^3/s}$ が流れ，断面①の水深が $4\,\mathrm{m}$ の場合，逐次計算法により断面②，③および④の水深を求めよ．ただし，$n = 0.02$ とする．

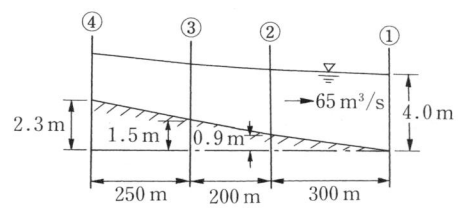

問図 **6.3**

7

流体力学の基礎方程式

　流体は固体に比べて変形が容易である．水理学で取り扱う水という流体は力の作用を受けつつ伸縮やずれといった変形および並進，回転などの運動をしながら移動する．本章では二次元流れについて一般の運動が並進，伸縮，ずれ，回転の組合せとして表されることを説明する．さらに，流体に作用する力として粘性力を考慮しない場合とする場合について運動方程式がどのように記述されるかを説明する．そのようにして得られた運動方程式から，ベルヌーイの定理がどのように導かれるかについても述べる．

7.1　流体力学における未知量

　流体力学では，流体を連続体として扱い，おもに流体中の流体粒子の運動を解析する．流体粒子とはその中のいかなる部分も同じ速度および密度をもつと考えてよいくらいに無限小な要素のことをいう．

　流体は固体と違い，変形が容易である．流体粒子には質量に比例する質量力（重力など）が作用し，流体粒子の間の境界面には面積に比例する面力（圧力や摩擦力など）が作用しつつ，流体粒子は移動することになる．

　ニュートンの粘性法則が成り立つ流体をニュートン流体といい，本書ではこのニュートン流体を中心に取り扱う．ニュートンの粘性法則から粘性応力は速度勾配に比例することがわかっており，速度分布から粘性応力が求められる．粘性応力が働かない流体を非粘性流体（理想流体，完全流体）といい，そうでない流体を粘性流体という．

　未知量としては，密度 ρ，圧力 p，速度 V である．ここに，速度ベクトル

の3成分を u, v, w とすると $V = \sqrt{u^2 + v^2 + w^2}$ である。水理学においては流体の密度は一定と考えてよい場合が多い。その場合は未知量としては圧力と速度になる。これらの未知量を以下で述べる連続の式，運動方程式から決定する。スカラー量としての未知量は速度ベクトルの3成分と圧力の計4個であり，方程式は運動方程式が3成分あり，圧力方程式が一つの計4式となり解くことが可能となる。

7.2 連 続 の 式

簡単のために二次元流れを考える。図 **7.1** のような x 軸，y 軸方向の各辺の長さが dx, dy で単位奥行長さの微小長方形要素を考える。x 軸，y 軸方向の各流速を u, v とする。

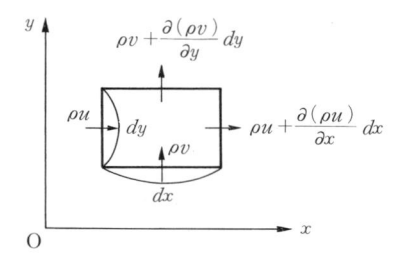

図 **7.1** 質量の出入り

x 軸方向に関して，単位時間に微小要素内の質量が増加する割合は，長さ dy の辺から入ってくる質量 $\rho u dy$ から，反対側の辺から出ていく質量 $\{\rho u + (\partial(\rho u)/\partial x)dx\}dy$ を差し引いた量である。つまり

$$\rho u dy - \left\{\rho u + \frac{\partial(\rho u)}{\partial x}dx\right\}dy = -\frac{\partial(\rho u)}{\partial x}dxdy$$

となる。同様にして y 軸方向については単位時間当り

$$-\frac{\partial(\rho v)}{\partial y}dxdy$$

だけの量が流入し，質量が増加する。減少する場合は負の質量が増加すると考える。けっきょく単位時間に微小要素内の質量が増加する割合は，x, y 両方

向の和をとればよく

$$-\left\{\frac{\partial(\rho u)}{\partial x}+\frac{\partial(\rho v)}{\partial y}\right\}dxdy$$

となる。

一方，微小要素内の流体質量 $\rho dxdy$ は単位時間に $\partial(\rho dxdy)/\partial t$ だけ増加するから，両者は等しく次式が成り立つ。

$$-\left\{\frac{\partial(\rho u)}{\partial x}+\frac{\partial(\rho v)}{\partial y}\right\}dxdy = \frac{\partial \rho}{\partial t}dxdy$$

整理すると，式（7.1）のようになる。

$$\frac{\partial \rho}{\partial t}+\frac{\partial(\rho u)}{\partial x}+\frac{\partial(\rho v)}{\partial y}=0 \qquad (7.1)$$

式（7.1）を**連続の式**という。定常流れでは式（7.1）の第1項が0となる。

三次元流れの**連続の式**は，z 方向の流速を w と表すと，式（7.2）のようになる。

$$\frac{\partial \rho}{\partial t}+\frac{\partial(\rho u)}{\partial x}+\frac{\partial(\rho v)}{\partial y}+\frac{\partial(\rho w)}{\partial z}=0 \qquad (7.2)$$

一方，非圧縮性流体の場合は，$\rho = \mathrm{const.}$ であるから，式（7.1）は

$$\frac{\partial u}{\partial x}+\frac{\partial v}{\partial y}=0 \qquad (7.3)$$

となる。非圧縮性流体ならば非定常流れであっても時間微分項は含まれない。連続の式は粘性の有無には関係しないから，式（7.2）または式（7.3）は粘性流体にも適用できる。

7.3 非粘性流体の運動方程式

流体の運動を調べる方法には，ある着目した特定の流体粒子が空間内をどのように運動していくかを調べる**ラグランジュの方法**（Lagrangian approach）と，空間に固定された観測点でそこを時々刻々通過していく流体粒子の運動を

7.3 非粘性流体の運動方程式

調べる**オイラーの方法**（Eulerian approach）とがある．流体の流速を計測する場合は流速計を空間に固定して，そこでの流速の時間的な変化を測るオイラーの方法による場合が多い．この場合，流速計の設置された観測点へ入ってくる流体粒子はつぎつぎと新しい流体粒子が入ってくる．したがって，運動方程式に使用する加速度は，着目した流体粒子の速度の時間的変化でなくてはならないから，加速度の表現には注意が必要である．

実在流体は粘性をもっており，非粘性流体ではない．ただ実在流体の流れの場合でも，境界層内と外部流れに分けて考えるとき，レイノルズ数が大きい外部流れでは非圧縮非粘性流体として考えることができる．このような場合の流れ解析に非圧縮非粘性流体としての解析も重要となってくる．

つぎにオイラーの方法で加速度，続いてニュートンの運動の第二法則

  （力）＝（質量）×（加速度）

の記述方法について述べる．

7.3.1 加　速　度

図 **7.2** のように時刻 t に点 (x, y) を通過する流体粒子の速度を (u, v) とする．この速度成分は x, y, t の関数である．

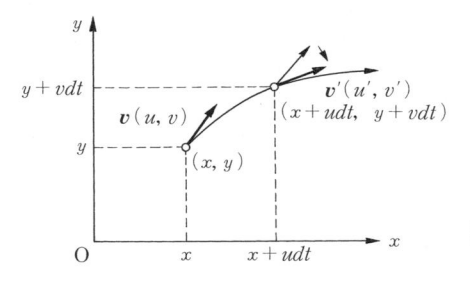

図 **7.2** 速度の変化

時刻 t に点 (x, y) にあった流体粒子に着目し，加速度を求めてみる．この流体粒子は微小時間 dt の後には点 $(x + udt, y + vdt)$ へ移動する．したがって，dt 時間後の速度を (u', v') とすると，dt 時間内の速度変化はテイラー展開の二次以上の微小項を無視して

$$u' - u = u(x + udt, y + vdt, t + dt) - u(x, y, t)$$

$$= \frac{\partial u}{\partial x} u dt + \frac{\partial u}{\partial y} v dt + \frac{\partial u}{\partial t} dt$$

$$v' - v = v(x + udt,\ y + vdt,\ t + dt) - v(x, y, t)$$

$$= \frac{\partial v}{\partial x} u dt + \frac{\partial v}{\partial y} v dt + \frac{\partial v}{\partial t} dt$$

と表される。加速度は単位時間に変化する速度の割合であるから

$$\left.\begin{array}{l} a_x = \lim\left(\dfrac{u' - u}{dt}\right) = u\dfrac{\partial u}{\partial x} + v\dfrac{\partial u}{\partial y} + \dfrac{\partial u}{\partial t} = \dfrac{Du}{Dt} \\[2mm] a_y = \lim\left(\dfrac{v' - v}{dt}\right) = u\dfrac{\partial v}{\partial x} + v\dfrac{\partial v}{\partial y} + \dfrac{\partial v}{\partial t} = \dfrac{Dv}{Dt} \end{array}\right\} \quad (7.4)$$

と表される。定常流ならば式（7.4）で $\partial/\partial t$ の各項は 0 となる。ここに

$$\frac{D}{Dt} = \frac{\partial}{\partial t} + u\frac{\partial}{\partial x} + v\frac{\partial}{\partial y}$$

はラグランジュ微分あるいは実質微分と呼ばれる。上式の右辺第1項は時間のみに関する変化率を表し，第2，3項は場所的な変化による変化率を表している。

7.3.2 運動方程式

図 7.3 に示すような dx，dy，単位奥行の各辺をもつ微小流体要素を考える。非粘性流体の場合は，この要素に働く外力としては，考えている面積に直角に作用する圧力と単位質量当りに作用する質量力 (X, Y, Z) である。

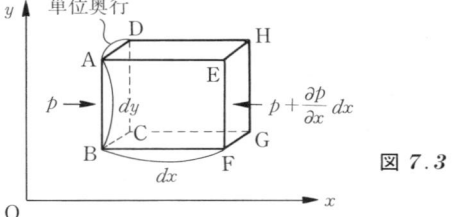

図 7.3 微小流体要素に作用する x 方向の圧力

面 ABCD に作用する圧力を p とすると，dx だけ離れた面 EFGH に作用する圧力は $p + (\partial p/\partial x)dx$ となる。x 方向に作用する圧力の合力は

$$pdy - \left(p + \frac{\partial p}{\partial x}\,dx\right)dy = -\frac{\partial p}{\partial x}dxdy \tag{7.5}$$

となり，y 方向についても同様にして

$$-\frac{\partial p}{\partial y}\,dxdy \tag{7.6}$$

となる．

一方，質量力については

$$\left.\begin{array}{l}\rho X dxdy \\ \rho Y dxdy\end{array}\right\} \tag{7.7}$$

である．

けっきょく，x 方向の運動方程式は

$$-\frac{\partial p}{\partial x}dxdy + \rho X dxdy = \rho dxdy\left(u\frac{\partial u}{\partial x} + v\frac{\partial u}{\partial y} + \frac{\partial u}{\partial t}\right)$$

となる．$\rho dxdy$ で両辺を割れば x 方向の運動方程式が得られる．x，y 方向成分をまとめると

$$\left.\begin{array}{l}u\dfrac{\partial u}{\partial x} + v\dfrac{\partial u}{\partial y} + \dfrac{\partial u}{\partial t} = X - \dfrac{1}{\rho}\dfrac{\partial p}{\partial x} \\[1em] u\dfrac{\partial v}{\partial x} + v\dfrac{\partial v}{\partial y} + \dfrac{\partial v}{\partial t} = Y - \dfrac{1}{\rho}\dfrac{\partial p}{\partial y}\end{array}\right\} \tag{7.8}$$

となる．式（7.8）を**オイラーの運動方程式**（Eulerian equations of motion）という．

三次元流れでは式（7.9）のようになる．

$$\left.\begin{array}{l}u\dfrac{\partial u}{\partial x} + v\dfrac{\partial u}{\partial y} + w\dfrac{\partial u}{\partial z} + \dfrac{\partial u}{\partial t} = X - \dfrac{1}{\rho}\dfrac{\partial p}{\partial x} \\[1em] u\dfrac{\partial v}{\partial x} + v\dfrac{\partial v}{\partial y} + w\dfrac{\partial v}{\partial z} + \dfrac{\partial v}{\partial t} = Y - \dfrac{1}{\rho}\dfrac{\partial p}{\partial y} \\[1em] u\dfrac{\partial w}{\partial x} + v\dfrac{\partial w}{\partial y} + w\dfrac{\partial w}{\partial z} + \dfrac{\partial w}{\partial t} = Z - \dfrac{1}{\rho}\dfrac{\partial p}{\partial z}\end{array}\right\} \tag{7.9}$$

例題 7.1 流体が静止しているときの等圧面の方程式は

$$Xdx + Ydy + Zdz = 0 \quad \cdots\cdots\cdots\cdots\cdots\cdots\cdots\cdots\cdots ①$$

であることを示せ。

【解答】 オイラーの運動方程式（7.9）において，$u = v = w = 0$ とおけば

$$0 = X - \frac{1}{\rho}\frac{\partial p}{\partial x}, \quad 0 = Y - \frac{1}{\rho}\frac{\partial p}{\partial y}, \quad 0 = Z - \frac{1}{\rho}\frac{\partial p}{\partial z} \quad \cdots\cdots ②$$

となる。外力としての質量力がつぎのようなポテンシャルで表されるならば

$$X = -\frac{\partial \Omega}{\partial x}, \quad Y = -\frac{\partial \Omega}{\partial y}, \quad Z = -\frac{\partial \Omega}{\partial z} \quad \cdots\cdots\cdots\cdots\cdots ③$$

となり，式②より

$$dp = \frac{\partial p}{\partial x}dx + \frac{\partial p}{\partial y}dy + \frac{\partial p}{\partial z}dz = \rho(Xdx + Ydy + Zdz) = -\rho d\Omega \cdots ④$$

となる。等圧面では圧力が等しいのであるから $dp = 0$ である。ゆえに

$$Xdx + Ydy + Zdz = 0$$
$$d\Omega = 0$$

となり，等圧面は等ポテンシャル面でもあることがわかる。　◇

7.4 流体の変形と回転

図 7.4 に示されるように，水路の中心を流れる微小流体要素 ABCD は，水路幅が狭まっているところを通ると A′B′C′D′ のように細長く変形（伸び）し，逆に幅が広くなっているところを通過すると縮む。図 7.5 のように壁面近くを流れる微小流体要素 ABCD は，壁面と流体との摩擦によって壁面近く

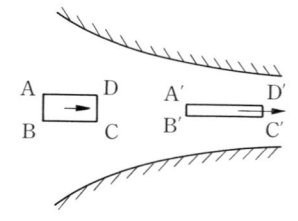

図 7.4 水路幅が狭まっている箇所を通過する流体要素

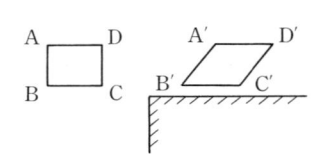

図 7.5 壁面近くを通過する流体要素

7.4 流体の変形と回転

の流速は遅くなるので，A'B'C'D' のように変形（ずれ）する．図 **7.6** のような湾曲水路の中心を流れる微小流体要素は，形を変えないで方向転換する回転現象が見られる．実際の流れの中では，このような変形が組み合わされた現象として現れる．

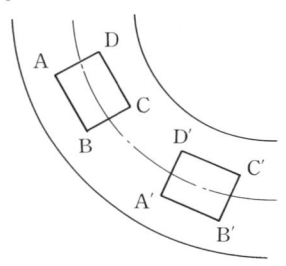

図 7.6 湾曲水路を流れる流体要素

一般の二次元流れの場合，並進運動（u, v），伸縮運動（$\partial u/\partial x$, $\partial v/\partial y$），ずれの運動（$\partial v/\partial x + \partial u/\partial y$），回転運動（$\partial v/\partial x - \partial u/\partial y$）で表される．

7.4.1 伸　　　縮

簡単のために，流体が x 方向のみへ流れている場合を考える．このとき流速分布は $u = u(x)$ である．図 **7.7** のような微小長さが Δx，Δy の流体要素が単位時間に x_1 から x_2 へ移動し，微小長さ Δx_2，Δy の要素に変化したとする．

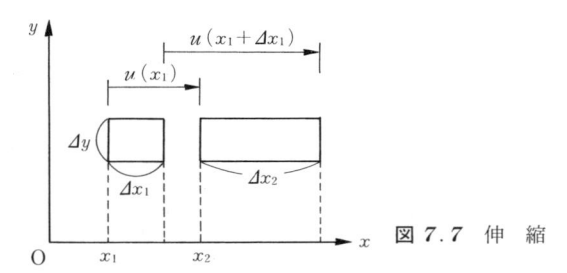

図 7.7 伸　縮

この場合の要素の x 方向への伸び $\Delta x_2 - \Delta x_1$ は

$$\Delta x_2 - \Delta x_1 = \{\Delta x_1 + u(x_1 + \Delta x_1) - u(x_1)\} - \Delta x_1$$
$$= u(x_1 + \Delta x_1) - u(x_1) = \frac{du}{dx} \Delta x_1$$

である．したがって

148   7. 流体力学の基礎方程式

$$\frac{du}{dx} = \frac{\Delta x_2 - \Delta x_1}{\Delta x_1}$$

となり，速度勾配 du/dx は単位時間にもとの長さに対してどれだけ伸びたかの割合を示している．この du/dx を変形速度といい，e_x で表す．

同様に y 方向のみの流れで，流速分布が $v = v(y)$ の場合についても単位時間，単位長さ当りの伸びの割合 dv/dy が求められ，e_y で表す．

二次元流れにおいては，流体の速度 u，v は x，y の関数であるから流体の変形速度 e_x，e_y は偏微分で表され，それぞれ

$$e_x = \frac{\partial u}{\partial x}, \qquad e_y = \frac{\partial v}{\partial y} \tag{7.10}$$

となる．

7.4.2 流体のずれ

流体の x 方向への流速 u が y 方向には変化するが，x 方向へは変化しない流れを考える．流速分布 u は y のみの関数で，$u = u(y)$ である．図 7.8 (a) のような微小流体要素 ABCD が単位時間に x_1 の位置から x_2 へ変化すれば，要素の上下面での速度差により，要素にずれが生じる．このずれの大きさは図 (a) において

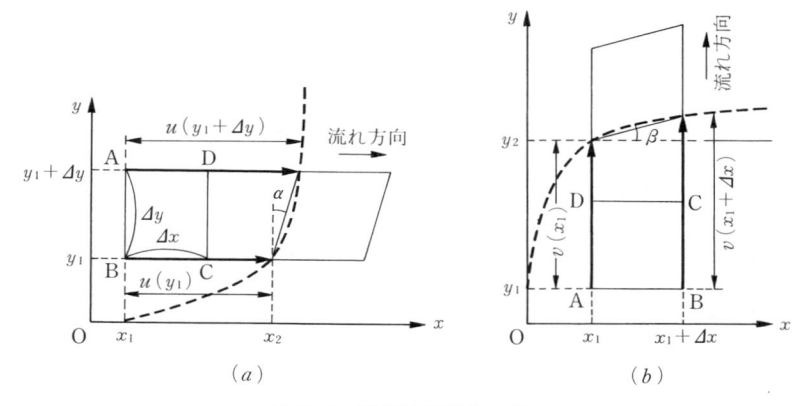

図 7.8 微小流体要素のずれ

$$u(y_1 + \Delta y) - u(y_1) = \frac{du}{dy} \Delta y \qquad (7.11)$$

となる。ずれの大きさを表すもう一つの量の角度 α は，要素の直角からの減少角度を示している。微小時間内の運動を考えれば，この角度 α は微小であるから，円弧の長さ $\Delta y \alpha$ は式（7.11）に等しいと考えられるから

$$\Delta y \, \alpha \simeq \frac{du}{dy} \Delta y \qquad (7.12)$$

となり，すなわち

$$\alpha = \frac{du}{dy} \qquad (7.13)$$

となる。同様にして，図（b）のように y 方向への流速 v が x のみの関数 $v = v(x)$ である場合のずれの大きさはつぎのようになる。

$$\beta = \frac{dv}{dx} \qquad (7.14)$$

二次元流れにおけるずれは α，β 両者を重ね合わせたものとなり e_{xy} で表す。偏微分形で表されることを考慮して式（7.15）のようになる。

$$e_{xy} = \alpha + \beta = \frac{\partial v}{\partial x} + \frac{\partial u}{\partial y} \qquad (7.15)$$

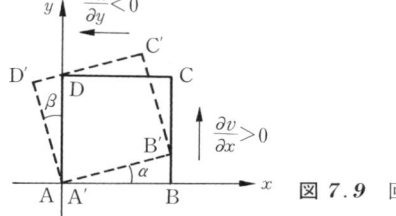

7.4.3 流体要素の回転

図 **7.9** において，微小要素 ABCD が単位時間に微小回転し，A'B'C'D' になったとする。このとき，変位した微小角度の大きさは

$$\alpha = \frac{\partial v}{\partial x}, \qquad \beta = -\frac{\partial u}{\partial y} \qquad (7.16)$$

図 **7.9** 回 転

となる。ここで

$$\zeta = \alpha + \beta = \frac{\partial v}{\partial x} - \frac{\partial u}{\partial y} \qquad (7.17)$$

とおいたとき，この ζ を**渦度**（vorticity）という。渦度 ζ の 1/2 が流体要素の回転角速度 ω になる。

流体要素の回転運動は変形ではなく，剛体の回転運動と同じであり，要素の単なる回転移動である。

例題 7.2 二次元の場合，一般の運動が並進，伸縮，ずれ，回転で表されることを示せ。

【解答】 点 $(x + \Delta x, y + \Delta y)$ での流速 $u(x + \Delta x, y + \Delta y)$, $v(x + \Delta x, y + \Delta y)$ を点 (x, y) での流速 $u(x, y)$, $v(x, y)$ を用いてテイラー展開し，二次以上の微小項を無視すると

$$u(x + \Delta x, y + \Delta y) = u(x, y) + \frac{\partial u}{\partial x}\Delta x + \frac{\partial u}{\partial y}\Delta y$$

$$= u + \frac{\partial u}{\partial x}\Delta x + \frac{1}{2}\left(\frac{\partial v}{\partial x} + \frac{\partial u}{\partial y}\right)\Delta y - \frac{1}{2}\left(\frac{\partial v}{\partial x} - \frac{\partial u}{\partial y}\right)\Delta y \qquad (7.18)$$

$$v(x + \Delta x, y + \Delta y) = v(x, y) + \frac{\partial v}{\partial x}\Delta x + \frac{\partial v}{\partial y}\Delta y$$

$$= v + \frac{\partial v}{\partial y}\Delta y + \frac{1}{2}\left(\frac{\partial v}{\partial x} + \frac{\partial u}{\partial y}\right)\Delta x + \frac{1}{2}\left(\frac{\partial v}{\partial x} - \frac{\partial u}{\partial y}\right)\Delta x \qquad (7.19)$$

となり，並進 (u, v)，伸縮 $(\partial u/\partial x, \partial v/\partial y)$，ずれ $(\partial v/\partial x + \partial u/\partial y)$，回転 $(\partial v/\partial x - \partial u/\partial y)$ で表される。 ◇

7.5 渦 と 循 環

7.5.1 渦

渦度 ζ が 0 の場合，すなわち流体の運動が

$$\frac{\partial v}{\partial x} - \frac{\partial u}{\partial y} = 0 \qquad (7.20)$$

となる場合を，**渦なし流れ**（irrotational flow）あるいは非回転流れという。

7.5 渦 と 循 環　　151

例題 7.3　図 7.10 のように川の中央部で一様流速，岸近くでは直線分布をする流速分布の川がある。川の中央部，岸近くのそれぞれで渦度を計算し，渦ありか渦なしかを判定せよ。また笹船を浮かべたとき中央部，岸辺でどのような運動をするか考えよ。

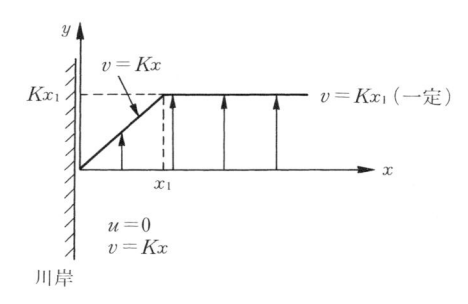

図 7.10

【解答】

中央部では：$\zeta = \dfrac{\partial v}{\partial x} - \dfrac{\partial u}{\partial y} = 0$ であるから，渦なし流れ

岸辺では：　$\zeta = K \neq 0$ であるから，渦あり流れ

笹舟(ささ)は中央部では回転せずに一定速度で流れるが，岸辺では回転角速度 $\omega = K/2$ で回転しながら $v = Kx$ の速さで流れていく。　　◇

7.5.2　循　　環

図 7.11 のように，流れの中に任意の形状の閉曲線 C を考える。この曲線上の微小な線素を ds，ds 上の水粒子の速度を $\boldsymbol{v}$ とする。v_t は曲線上の点での流速 $\boldsymbol{v}$ の接線方向の速度成分である。このとき**循環**（circulation）$\varGamma$ を

$$\varGamma = \oint_C v_t\, ds \tag{7.21}$$

で表す。ここに，$\oint_C$ は閉曲線 C に沿う線積分を示す。曲線 C で囲まれる面積 A をつねに左手に見ながら回る方向（反時計回り）を正とする。

渦度と循環の間にはつぎの関係がある。図 7.11 の C の内部領域 A を図 7.12 のような $dxdy$ の微小領域 dA に分割する。図 7.13 は，その分割され

図 7.11 循環

図 7.12 微小分割領域

図 7.13 微小領域内の循環

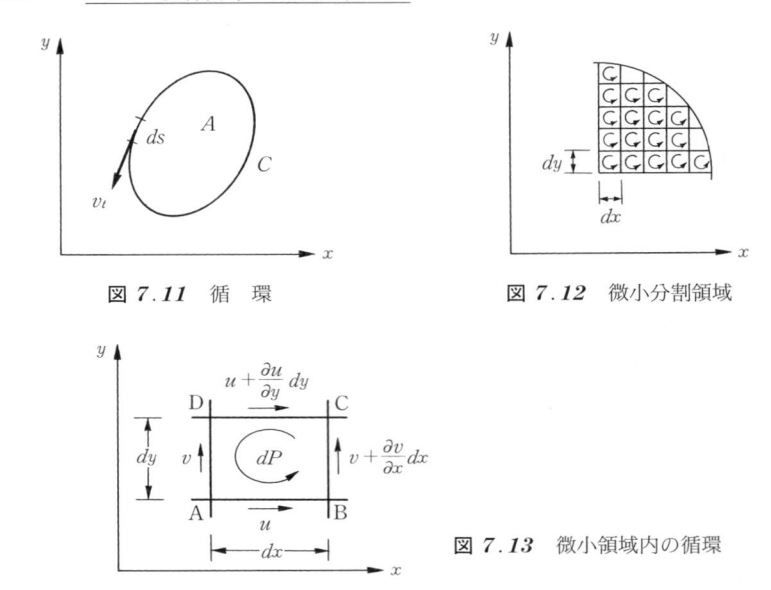

た一つの四辺形 ABCD という微小領域を示す。この四辺形に関する循環 $d\Gamma$ を A, B, C, D, A の順に反時計回りに積分すると, 接線速度のみに着目すればよいから

$$d\Gamma = udx + \left(v + \frac{\partial v}{\partial x}dx\right)dy - \left(u + \frac{\partial u}{\partial y}dy\right)dx - vdy$$

$$= \left(\frac{\partial v}{\partial x} - \frac{\partial u}{\partial y}\right)dxdy = \zeta dA \qquad (7.22)$$

となる。すなわち微小領域内の循環は（渦度）×（微小面積）に等しいことがわかる。

つぎに, 閉曲線内の全面積 A について積分すると, 閉曲線 C を境界とする線積分のみが打ち消されずに残る。すなわち

$$\Gamma = \int_C v_t \, ds = \int d\Gamma = \iint_A \zeta dA \qquad (7.23)$$

であり, 閉曲線 C に沿う循環は, 内部に存在する渦度の面積積分に等しい。式 (7.23) を**ストークスの定理** (Stokes' theorem) という。式 (7.23) より, 閉曲線 C の内部がいたるところ渦なし流れ（$\zeta = 0$）であれば, 循環 Γ

は0である。ただし逆は必ずしも真ならずで，循環が0であるからといっても必ずしも渦なし流れであるとは限らない。

式（7.23）を書き換えると式（7.24）となる。

$$\zeta = \frac{d\Gamma}{dA} \tag{7.24}$$

7.6 渦なし流れ

7.6.1 速度ポテンシャル

積分が積分経路に関係しないときその積分関数をポテンシャル関数という。式（7.23）から，渦なし流れであれば，循環が0となる。線積分は同じ経路を逆向きに積分すると符号は逆になる。任意の閉曲線に沿った速度の線積分が0であるから，積分値は積分経路に無関係に0となることがわかる。つまり「渦なし運動では速度積分（循環）は積分経路によらない」ことがいえ，速度ポテンシャル関数が存在することがわかる。

別の言い方をすれば，$(udx + vdy)$ がある関数 $\phi(x, y)$ の全微分で表されるときには

$$udx + vdy = d\phi \tag{7.25}$$

である。また

$$d\phi = \frac{\partial \phi}{\partial x} dx + \frac{\partial \phi}{\partial y} dy \tag{7.26}$$

であるから，式（7.25），（7.26）より

$$u = \frac{\partial \phi}{\partial x}, \quad v = \frac{\partial \phi}{\partial y} \tag{7.27}$$

となる。また

$$\frac{\partial^2 \phi}{\partial y \partial x} = \frac{\partial^2 \phi}{\partial x \partial y} \tag{7.28}$$

であるから，式（7.27）を代入すると

$$\frac{\partial u}{\partial y} = \frac{\partial v}{\partial x} \tag{7.29}$$

が成立する。すなわち，式 (7.29) は完全微分方程式 (7.25) が成り立つための必要かつ十分条件である。

また，二次元の渦なし流れでは

$$\zeta = \frac{\partial v}{\partial x} - \frac{\partial u}{\partial y} = 0$$

$$\therefore \quad \frac{\partial u}{\partial y} = \frac{\partial v}{\partial x}$$

であって，これは式 (7.29) と一致する。したがって，渦運動がない場合には式 (7.27) で定義できるような関数 ϕ が存在し，この ϕ を**速度ポテンシャル** (velocity potential) という。

ϕ が同じ値の線（等ポテンシャル線）上では $d\phi = 0$ であるから，これを積分すると

$$\phi(x, y) = C \tag{7.30}$$

となる。ただし，C は積分定数である。式 (7.30) で表される曲線を等ポテンシャル線という。

式 (7.27) を連続の式 (7.3) に代入すると

$$\frac{\partial^2 \phi}{\partial x^2} + \frac{\partial^2 \phi}{\partial y^2} = 0 \tag{7.31}$$

が得られる。これは**ラプラスの式** (Laplace equation) といわれる。

7.6.2 流 れ 関 数

非圧縮性二次元流れにおいては，連続の式を満たすような関数を考えることによって流れをとらえることができる。以下に示す流れ関数は連続の式を自動的に満たしている。

$(-vdx + udy)$ がある関数 $\psi(x, y)$ の全微分で表されるときには

$$-vdx + udy = d\psi \tag{7.32}$$

である。一方，$d\psi$ は

7.6 渦なし流れ

$$d\psi = \frac{\partial \psi}{\partial x} dx + \frac{\partial \psi}{\partial y} dy \tag{7.33}$$

であるから

$$u = \frac{\partial \psi}{\partial y}, \quad v = -\frac{\partial \psi}{\partial x} \tag{7.34}$$

が成り立つ。このような ψ を**流れ関数** (stream function) という。

二次元の流れにおいては，流線の方程式は **3** 章の式 (3.4) から

$$\frac{dx}{u} = \frac{dy}{v}$$

$$\therefore \; -vdx + udy = 0$$

となる。したがって流線の上では，式 (7.32) から

$$d\psi = 0$$

である。これを積分し，積分定数を C とすると

$$\psi(x, y) = C \tag{7.35}$$

となる。すなわち式 (7.35) は流線の方程式であり，C の値を変えれば種々の流線が得られる。

つぎに ψ の物理的意味を調べる。図 **7.14** に示すように流体中に二点 A, B をとり，A と B を結ぶ任意の曲線上に微小長さ ds をとる。ds を横切って左から右に流れる流量 dQ は $(-vdx + udy)$ であるから，曲線 AB を横切って左から右に流れる流量は

$$Q = \int_A^B (-vdx + udy) = \int_A^B d\psi = \psi_B - \psi_A \tag{7.36}$$

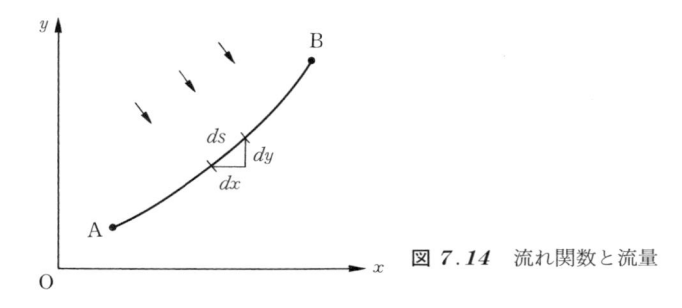

図 **7.14** 流れ関数と流量

である。すなわち，曲線 AB を横切る流量 Q は A，B 点の ϕ の値だけで決まり，A と B を結ぶ経路には関係しない。

7.6.3 ポテンシャル流れ

流れ関数 ψ は二次元の連続の式（7.3）を自動的に満たしている。渦なし流れの条件式（7.20）に流れ関数 ψ を代入すると

$$\frac{\partial^2 \psi}{\partial x^2} + \frac{\partial^2 \psi}{\partial y^2} = 0$$

というラプラスの式を得る。渦なし流れであれば速度ポテンシャル ϕ が存在し，ϕ を連続の式に代入することによりラプラスの式を満たすことはすでに説明した。すなわち二次元ポテンシャル流れでは，ϕ および ψ はつぎのラプラスの式（7.37）を満足する。

$$\left.\begin{array}{l} \dfrac{\partial^2 \phi}{\partial x^2} + \dfrac{\partial^2 \phi}{\partial y^2} = 0 \\[2mm] \dfrac{\partial^2 \psi}{\partial x^2} + \dfrac{\partial^2 \psi}{\partial y^2} = 0 \end{array}\right\} \qquad (7.37)$$

さらに，式（7.27）と式（7.34）とから

$$\left.\begin{array}{l} \dfrac{\partial \phi}{\partial x} = \dfrac{\partial \psi}{\partial y} \\[2mm] \dfrac{\partial \phi}{\partial y} = -\dfrac{\partial \psi}{\partial x} \end{array}\right\} \qquad (7.38)$$

が成立する。式（7.38）の関係を**コーシー-リーマンの関係式**（Cauchy-Riemann differential equations）という。この関係式は ϕ と ψ で定義される複素関数 $w(z) = \phi(x, y) + i\psi(x, y)$ が正則関数であるための条件である。ここに $i = \sqrt{-1}$ であり，$z = x + iy$ である。正則であるとは微分係数が各点でただ一つ存在し，有限であることをいう。$w(z)$ を複素速度ポテンシャルといい，微分可能であるから

$$\frac{dw(z)}{dz} = \frac{d(\phi + i\psi)}{dz}$$

$$= \frac{\{(\partial\phi/\partial x)dx + (\partial\phi/\partial y)dy\} + i\{(\partial\psi/\partial x)dx + (\partial\psi/\partial y)dy\}}{dz}$$

$$= \frac{u(dx + idy) - iv(dx + idy)}{dz} = \frac{(u - iv)dz}{dz} = u - iv$$

$$(7.39)$$

となり,複素速度ポテンシャル w の微分係数は x 方向速度 u を実部に, y 方向速度 v の符号を変えた $-v$ を虚部にもつ複素数を表すことがわかる。$u - iv$ を共役複素速度という。また,**3**章の流線の方程式 (3.4) から

$$\frac{dx}{u} = \frac{dy}{v} \quad \therefore \quad \frac{dy}{dx} = \frac{v}{u}$$

となる。一方,等ポテンシャル線は

$$d\phi = \frac{\partial\phi}{\partial x}dx + \frac{\partial\phi}{\partial y}dy = 0$$

であるから,この曲線の微分係数は

$$\frac{dy}{dx} = -\frac{\partial\phi/\partial x}{\partial\phi/\partial y} = -\frac{u}{v}$$

である。両者の傾きの積が (-1) であるから等ポテンシャル線 $\phi(x, y) = C$ と流線 $\psi(x, y) = C$ とはたがいに直交する。流線と等ポテンシャル線が直交することを**フローネット** (flow net) 解析は利用している。

また,w が正則であれば**等角写像** (conformal mapping) の原理を応用することにより,2本の曲線の交わる角が変化せずに写像される。等ポテンシャル線と流線が直交するという性質が写像後も変わらないことを利用して,簡単な流れから複雑な境界条件の流れへ等角写像することにより複雑な流れ解析が可能となる。以下に複素速度ポテンシャル関数の例を示す。

〔**1**〕 **軸に沿った一様流れ**　　$w(z) = Uz$ という複素速度ポテンシャルを考える。

$$w(z) = \phi(x, y) + i\psi(x, y) = Uz = U(x + iy) \tag{7.40}$$

であるから

$$\phi(x, y) = Ux, \quad \psi(x, y) = Uy \tag{7.41}$$

となり，ϕ の定義式（7.27）より

$$u = \frac{\partial \phi}{\partial x} = U, \quad v = \frac{\partial \phi}{\partial y} = 0$$

となり，x 軸方向へ $u = U$ という一定速度の流れであることがわかる。

また，ψ の定義式（7.34）から

$$u = \frac{\partial \psi}{\partial y} = U, \quad v = -\frac{\partial \psi}{\partial x} = 0$$

と同じ結果が得られる。一方，流線は $\psi = \text{const.}$ で与えられるから

$$d\psi = \frac{\partial \psi}{\partial x} dx + \frac{\partial \psi}{\partial y} dy = 0 + U dy = U dy$$

となり，積分して

$$\psi = \int d\psi = \int U dy = Uy + C$$

となる。C は積分定数である。$y = 0$ のとき $C = 0$ とすれば式（7.41）と一致する。$\psi = \text{const.}$ という関係は，この場合 $y = \text{const.}$ という直線群となり，x 軸に平行な流れを表している。流れの向きは $u = U > 0$ ならば x 軸の正の方向に向う流れで，$U < 0$ ならば x 軸の負の方向に向かう流れである。

例題 7.4 図 7.15 のような x 軸となす角度が α であるような一様流の複素速度ポテンシャル $w(z)$ を求めよ。

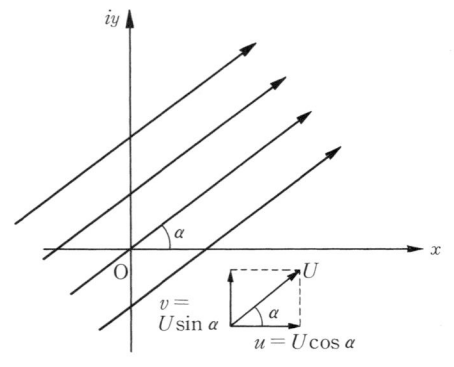

図 7.15

7.6 渦なし流れ

【解答】
$$\frac{dw}{dz} = u - iv = U\cos\alpha - iU\sin\alpha = Ue^{-i\alpha}$$

これを積分して
$$w(z) = \int dw = \int Ue^{-i\alpha}\,dz = Ue^{-i\alpha}\int dz = Ue^{-i\alpha}z + C$$

となる。$C = 0$ の場合を考えると
$$w(z) = \phi + i\psi = Ue^{-i\alpha}z = U(\cos\alpha - i\sin\alpha)(x + iy)$$
$$= U\{(x\cos\alpha + y\sin\alpha) + i(-x\sin\alpha + y\cos\alpha)\}$$

であるから
$$\phi = U(x\cos\alpha + y\sin\alpha), \quad \psi = -U(x\sin\alpha - y\cos\alpha)$$

のように ϕ, ψ が求められる。　　　　　　　　　　　　　　　　　　　◇

〔2〕 **吹出しと吸込み**　　吹出し（source）や吸込み（sink）流れでは，極座標系を利用すると便利である。半径 r の円周を通過する単位奥行当りの総流量を q とする（図 **7.16**）。

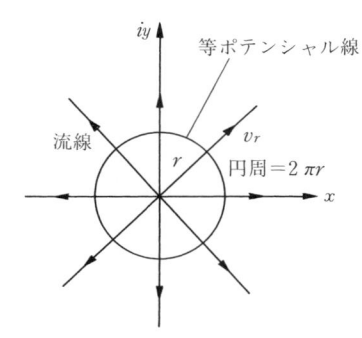

図 **7.16** 吹出し

式（7.42）のような複素速度ポテンシャル $w(z)$ を考える。

$$w(z) = \frac{q}{2\pi}\ln z \tag{7.42}$$

$$\ln z = \ln re^{i\theta} = \ln r + i\theta$$

であるから

$$w = \phi + i\psi = \frac{q}{2\pi}\ln r + i\frac{q}{2\pi}\theta$$

となり

$$\phi = \frac{q}{2\pi}\ln r, \quad \psi = \frac{q}{2\pi}\theta \tag{7.43}$$

のように ϕ，ψ が求まる。

式（7.43）が吹出し（$q>0$）や吸込み（$q<0$）の流れを表していることを，流線を求めて説明する。

極座標表示では

$$v_r = \frac{\partial \phi}{\partial r} = \frac{1}{r}\frac{\partial \psi}{\partial \theta}, \quad v_\theta = \frac{1}{r}\frac{\partial \phi}{\partial \theta} = -\frac{\partial \psi}{\partial r} \tag{7.44}$$

である。v_r，v_θ はそれぞれ r 方向，θ 方向の速度成分である。総流量が q であるから，**図 7.16** よりわかるように $2\pi r \times v_r = q$ となる。ゆえに

$$v_r = \frac{1}{r}\frac{\partial \psi}{\partial \theta} = \frac{q}{2\pi r}, \quad v_\theta = -\frac{\partial \psi}{\partial r} = 0$$

となるから，下式のようになる。

$$d\psi = \frac{\partial \psi}{\partial r}dr + \frac{\partial \psi}{\partial \theta}d\theta = \frac{q}{2\pi}d\theta$$

連続の式から q は一定なので，積分して式（7.45）のように表される。

$$\psi = \int d\psi = \int \frac{q}{2\pi}d\theta = \frac{q}{2\pi}\theta + C \tag{7.45}$$

$\theta = 0$ で $\psi = 0$ と考えれば $C = 0$ となるので，式（7.46）のようになる。

$$\psi = \frac{q}{2\pi}\theta \tag{7.46}$$

$\psi = $ const. が流線を与えるから，流線は放射線状の流れである。$q>0$ のとき吹出し流れ，$q<0$ のとき吸込み流れとなっている。一方，ϕ に関しては

$$v_r = \frac{\partial \phi}{\partial r} = \frac{q}{2\pi r}, \quad v_\theta = \frac{1}{r}\frac{\partial \phi}{\partial \theta} = 0$$

であるから

$$d\phi = \frac{\partial \phi}{\partial r}dr + \frac{\partial \phi}{\partial \theta}d\theta = \frac{q}{2\pi r}dr$$

となり，積分して式（7.47）のようになる。

$$\phi = \int d\phi = \int \frac{q}{2\pi r}\,dr = \frac{q}{2\pi}\ln r + C \tag{7.47}$$

$r=1$ のとき $\phi=0$ とおけば $C=0$ となるので

$$\phi = \frac{q}{2\pi}\ln r \tag{7.48}$$

となる。

したがって，式（7.47）から等ポテンシャル線は同心円群となり，流線は放射線状の直線群であったから，おたがいが直交していることがわかる。

7.7 粘性流体の運動方程式

静止流体中では，考えている面に垂直に圧力が作用し，接線応力は作用しない。粘性流体が運動を始めると，速度勾配に比例するような粘性応力が作用する。この抵抗は速度差をなくそうとするように働く。隣り合った流体粒子の速度の差が生じるということは，あとに述べる流体の変形と関係する。粘性流体では，流体の変形に抵抗しようとする粘性応力が発生し，流速の速い流体粒子は，遅い流体粒子に対して加速させて速く進ませるように，また，遅い流体粒子は速い流体粒子を減速させて遅く進ませようという作用をする。このような流体の変形と応力の関係を，以下に示すように導入して粘性流体に対する運動方程式を誘導する。

流体運動は，並進，伸縮，ずれ，回転の組合せで表されることはすでに説明した。

7.7.1 応力と変形速度

弾性体のフックの法則は，応力 σ とひずみ ε の間に式（7.49）のような比例関係が成り立つというものである。

$$\sigma = E\varepsilon \tag{7.49}$$

比例定数 E をヤング率という。

流体の場合にも，応力と変形速度の間に比例関係が成立することが実証されている。

7.7.2 流体要素に働く応力

流体内の応力状態を調べると，考えている面に垂直な応力 σ と面に沿うせん断応力 τ が作用している。これらの応力は，考えている面とその作用する方向を考えて区別することができる。例えば，x 軸に垂直な面に作用し，作用方向が y 軸方向のせん断応力は τ_{xy} と添字 x，y を付けて表すことにする。**図 7.17** のような微小流体要素 ABCD に作用する応力は

$$\left.\begin{array}{ll} \text{面 AB に} & \text{垂直応力：} \sigma_x, \quad \text{せん断応力：} \tau_{xy} \\ \text{面 BC に} & \text{垂直応力：} \sigma_y, \quad \text{せん断応力：} \tau_{yx} \\ \text{面 CD に} & \text{垂直応力：} \sigma_x + \dfrac{\partial \sigma_x}{\partial x} dx, \quad \text{せん断応力：} \tau_{xy} + \dfrac{\partial \tau_{xy}}{\partial x} dx \\ \text{面 DA に} & \text{垂直応力：} \sigma_y + \dfrac{\partial \sigma_y}{\partial y} dy, \quad \text{せん断応力：} \tau_{yx} + \dfrac{\partial \tau_{yx}}{\partial y} dy \end{array}\right\} \quad (7.50)$$

と表される。ここに，垂直応力 σ_x の添字 x は x 軸に垂直な面に働く，x 方向への垂直応力であることを示している。垂直応力の作用方向は，要素の外へ向かう方向を正とする。

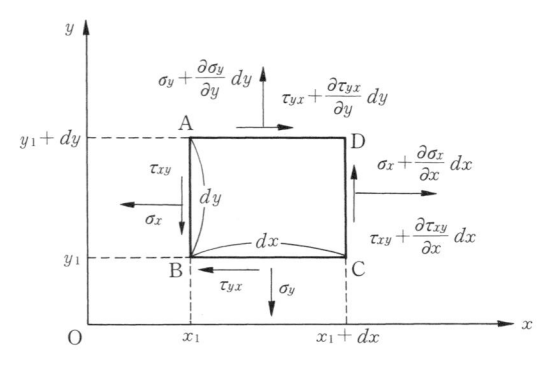

図 7.17 流体要素に働く応力

7.7.3 流体要素に働く力

流体要素に働く x, y 方向の力 F_x, F_y は，図 **7.17** から

$$F_x = -\sigma_x\,dy + \left(\sigma_x + \frac{\partial \sigma_x}{\partial x}\,dx\right)dy - \tau_{yx}\,dx + \left(\tau_{yx} + \frac{\partial \tau_{yx}}{\partial y}\,dy\right)dx$$

$$= \left(\frac{\partial \sigma_x}{\partial x} + \frac{\partial \tau_{yx}}{\partial y}\right)dx\,dy \qquad (7.51)$$

$$F_y = -\sigma_y\,dx + \left(\sigma_y + \frac{\partial \sigma_y}{\partial y}\,dy\right)dx - \tau_{xy}\,dy + \left(\tau_{xy} + \frac{\partial \tau_{xy}}{\partial x}\,dx\right)dy$$

$$= \left(\frac{\partial \sigma_y}{\partial y} + \frac{\partial \tau_{xy}}{\partial x}\right)dx\,dy \qquad (7.52)$$

である。

7.7.4 流体要素の変形

流体の変形には，**7.4** 節で述べたように垂直応力による伸縮，せん断応力によるずれがある。これらの関係を式（7.53）のように表す。

$$\left.\begin{array}{l} \sigma_x = -p + 2\mu\dfrac{\partial u}{\partial x} + \lambda\left(\dfrac{\partial u}{\partial x} + \dfrac{\partial v}{\partial y}\right) \\[6pt] \sigma_y = -p + 2\mu\dfrac{\partial v}{\partial y} + \lambda\left(\dfrac{\partial u}{\partial x} + \dfrac{\partial v}{\partial y}\right) \\[6pt] \tau_{xy} = \tau_{yx} = \mu\left(\dfrac{\partial u}{\partial y} + \dfrac{\partial v}{\partial x}\right) \\[6pt] \lambda = -\dfrac{2}{3}\mu \end{array}\right\} \qquad (7.53)$$

せん断応力とずれとの関係は，式（1.7）を二次元に拡張したものに相当する。非圧縮性流体に対しては，連続の式（7.3）から垂直応力 σ_x, σ_y の右辺第3項は0となる。

7.7.5 流体要素に働く粘性力

非圧縮性流体の連続の式（7.3）を考慮すると，流体要素に働く x, y 方向の力 F_x, F_y に，応力の式（7.53）を代入して

$$F_x = \left(\frac{\partial \sigma_x}{\partial x} + \frac{\partial \tau_{yx}}{\partial y}\right)dx\,dy = \left\{\left(-\frac{\partial p}{\partial x}\right) + \mu\left(\frac{\partial^2 u}{\partial x^2} + \frac{\partial^2 u}{\partial y^2}\right)\right\}dx\,dy \tag{7.54}$$

$$F_y = \left(\frac{\partial \sigma_y}{\partial y} + \frac{\partial \tau_{xy}}{\partial x}\right)dx\,dy = \left\{\left(-\frac{\partial p}{\partial y}\right) + \mu\left(\frac{\partial^2 v}{\partial x^2} + \frac{\partial^2 v}{\partial y^2}\right)\right\}dx\,dy \tag{7.55}$$

となる。

7.7.6 ナビエ-ストークスの方程式

流体要素の運動方程式の x, y 成分は，ラグランジュ微分を用いて

$$\rho\,\Delta x\,\Delta y\,\frac{Du}{Dt} = \rho\,\Delta x\,\Delta y\,X + F_x$$

$$\rho\,\Delta x\,\Delta y\,\frac{Dv}{Dt} = \rho\,\Delta x\,\Delta y\,Y + F_y$$

と表される。

非圧縮性流体に対しては，式 (7.54)，(7.55) を代入して整理すると

$$\frac{Du}{Dt} = X - \frac{1}{\rho}\frac{\partial p}{\partial x} + \frac{\mu}{\rho}\left(\frac{\partial^2 u}{\partial x^2} + \frac{\partial^2 u}{\partial y^2}\right) \tag{7.56}$$

$$\frac{Dv}{Dt} = Y - \frac{1}{\rho}\frac{\partial p}{\partial y} + \frac{\mu}{\rho}\left(\frac{\partial^2 v}{\partial x^2} + \frac{\partial^2 v}{\partial y^2}\right) \tag{7.57}$$

となる。

　この運動方程式を非圧縮性流体に対する**ナビエ-ストークスの方程式** (Navier-Stokes equations) という。式 (7.56)，(7.57) の右辺第3項の粘性項が0である場合は，非粘性流体に対するオイラーの運動方程式 (7.8) になる。

7.8 レイノルズの方程式

7.8.1 乱れ

流れはレイノルズ数 R_e が大きくなると層流から乱流へと変化する。乱流になれば流速も圧力も不規則に変動する。この変動する流速 u を時間平均値 $\bar{u}$ と時間平均値からの変動成分 u' の和として表すことにすると，式（7.58），（7.59）のようになる。

$$u = \bar{u} + u', \quad v = \bar{v} + v', \quad w = \bar{w} + w' \tag{7.58}$$

$$\bar{u} = \frac{1}{T}\int_{t-T/2}^{t+T/2} u\,dt \tag{7.59}$$

圧力に関しても同様に式（7.60）のように表せる。

$$p = \bar{p} + p' \tag{7.60}$$

以上の流速 u, v, w，圧力 p がナビエ-ストークスの方程式を満たすことになる。

7.8.2 レイノルズ応力

x 軸方向への流速が $\bar{u} + u'$，y 軸方向への流速が v' である流れ（$\bar{v} = 0$）を考え，y 軸に垂直な単位面積を通って輸送される運動量を求めてみる。流速の変動成分 u', v' については，統計的に $\overline{u'v'} < 0$ となる。

y 軸に垂直な単位面積を通って，v' の流速で動く流体塊は，x 軸方向へ流速 $(\bar{u} + u')$ で進んでいるから，y 軸方向に輸送される単位時間当りの運動量は

$$\frac{1}{T}\int_0^T \rho(\bar{u} \pm u')(\mp v')dt = \mp\frac{1}{T}\int_0^T \rho\bar{u}v'dt - \frac{1}{T}\int_0^T \rho u'v'dt$$
$$= -\rho\overline{u'v'}$$

となる。

運動量の法則から，y 軸に垂直な単位面積には輸送された運動量に等しい応力 τ_{yx} が作用する。すなわち式（7.61）のようになる。

$$\tau_{yx} = -\rho \overline{u'v'} \tag{7.61}$$

この応力を**レイノルズ応力**という。

7.8.3 レイノルズの方程式

式（7.58），（7.60）の流速 u，v，w と圧力 p をナビエ-ストークス方程式に代入し整理すると，流速と圧力は平均値で置き換えたものになり，応力としてレイノルズ応力が加わる。すなわち

$$\rho\left(\frac{\partial \bar{u}}{\partial t} + \bar{u}\frac{\partial \bar{u}}{\partial x} + \bar{v}\frac{\partial \bar{u}}{\partial y} + \bar{w}\frac{\partial \bar{u}}{\partial z}\right)$$
$$= \rho X - \frac{\partial \bar{p}}{\partial x} + \mu \nabla^2 \bar{u} - \rho\left(\frac{\partial \overline{u'u'}}{\partial x} + \frac{\partial \overline{u'v'}}{\partial y} + \frac{\partial \overline{u'w'}}{\partial z}\right)$$

$$\rho\left(\frac{\partial \bar{v}}{\partial t} + \bar{u}\frac{\partial \bar{v}}{\partial x} + \bar{v}\frac{\partial \bar{v}}{\partial y} + \bar{w}\frac{\partial \bar{v}}{\partial z}\right)$$
$$= \rho Y - \frac{\partial \bar{p}}{\partial y} + \mu \nabla^2 \bar{v} - \rho\left(\frac{\partial \overline{v'u'}}{\partial x} + \frac{\partial \overline{v'v'}}{\partial y} + \frac{\partial \overline{v'w'}}{\partial z}\right)$$

$$\rho\left(\frac{\partial \bar{w}}{\partial t} + \bar{u}\frac{\partial \bar{w}}{\partial x} + \bar{v}\frac{\partial \bar{w}}{\partial y} + \bar{w}\frac{\partial \bar{w}}{\partial z}\right)$$
$$= \rho Z - \frac{\partial \bar{p}}{\partial z} + \mu \nabla^2 \bar{w} - \rho\left(\frac{\partial \overline{w'u'}}{\partial x} + \frac{\partial \overline{w'v'}}{\partial y} + \frac{\partial \overline{w'w'}}{\partial z}\right) \tag{7.62}$$

となる。式（7.62）を**レイノルズの方程式**（Reynolds equations）という。ここに，ベクトル演算子 ∇（ナブラ）は，$\boldsymbol{i}$，$\boldsymbol{j}$，$\boldsymbol{k}$ をそれぞれ x 軸，y 軸，z 軸方向の単位ベクトルとすると

$$\nabla = \boldsymbol{i}\frac{\partial}{\partial x} + \boldsymbol{j}\frac{\partial}{\partial y} + \boldsymbol{k}\frac{\partial}{\partial z}$$

と表される。また

$$\nabla^2 = \nabla \cdot \nabla = \frac{\partial^2}{\partial x^2} + \frac{\partial^2}{\partial y^2} + \frac{\partial^2}{\partial z^2}$$

である。

7.9 エネルギーの式

7.9.1 ベルヌーイの定理

ベルヌーイの定理は,「非圧縮性非粘性流体の定常流においては同一流線上で位置水頭と圧力水頭と速度水頭の和は等しい」というものである。これを以下に誘導する。

オイラーの運動方程式を式 (7.63) のように変形する。$V^2 = u^2 + v^2 + w^2$ である。ここでは,一般的に三次元で考えることにすると

$$\left. \begin{aligned} \frac{\partial}{\partial x}\left(\frac{1}{2}V^2\right) &= u\frac{\partial u}{\partial x} + v\frac{\partial v}{\partial x} + w\frac{\partial w}{\partial x} \\ \frac{\partial}{\partial y}\left(\frac{1}{2}V^2\right) &= u\frac{\partial u}{\partial y} + v\frac{\partial v}{\partial y} + w\frac{\partial w}{\partial y} \\ \frac{\partial}{\partial z}\left(\frac{1}{2}V^2\right) &= u\frac{\partial u}{\partial z} + v\frac{\partial v}{\partial z} + w\frac{\partial w}{\partial z} \end{aligned} \right\} \quad (7.63)$$

になることを利用して,オイラーの運動方程式は式 (7.64) のように変形される。

$$\begin{aligned} \frac{Du}{Dt} &= \frac{\partial u}{\partial t} + \frac{\partial}{\partial x}\left(\frac{1}{2}V^2\right) + w\left(\frac{\partial u}{\partial z} - \frac{\partial w}{\partial x}\right) - v\left(\frac{\partial v}{\partial x} - \frac{\partial u}{\partial y}\right) \\ &= \frac{\partial}{\partial x}\left(-\Omega - \frac{p}{\rho}\right) \\ \frac{Dv}{Dt} &= \frac{\partial v}{\partial t} + \frac{\partial}{\partial x}\left(\frac{1}{2}V^2\right) + u\left(\frac{\partial v}{\partial x} - \frac{\partial u}{\partial y}\right) - w\left(\frac{\partial w}{\partial y} - \frac{\partial v}{\partial z}\right) \\ &= \frac{\partial}{\partial y}\left(-\Omega - \frac{p}{\rho}\right) \\ \frac{Dw}{Dt} &= \frac{\partial w}{\partial t} + \frac{\partial}{\partial z}\left(\frac{1}{2}V^2\right) + v\left(\frac{\partial w}{\partial y} - \frac{\partial v}{\partial z}\right) - u\left(\frac{\partial u}{\partial z} - \frac{\partial w}{\partial x}\right) \\ &= \frac{\partial}{\partial z}\left(-\Omega - \frac{p}{\rho}\right) \quad (7.64) \end{aligned}$$

ここに，外力 X, Y, Z は式（7.65）のようなポテンシャル Ω を使って表されるとする。

$$X = -\frac{\partial \Omega}{\partial x}, \quad Y = -\frac{\partial \Omega}{\partial y}, \quad Z = -\frac{\partial \Omega}{\partial z} \tag{7.65}$$

式（7.64）に現れる渦度の成分は，ベクトル演算子記号を使うと rot $\boldsymbol{v}$ で表される。

$$\mathrm{rot}\,\boldsymbol{v} = \begin{pmatrix} \xi \\ \eta \\ \zeta \end{pmatrix} = \begin{pmatrix} \dfrac{\partial w}{\partial y} - \dfrac{\partial v}{\partial z} \\ \dfrac{\partial u}{\partial z} - \dfrac{\partial w}{\partial x} \\ \dfrac{\partial v}{\partial x} - \dfrac{\partial u}{\partial y} \end{pmatrix} \tag{7.66}$$

非粘性流体に対する運動方程式（7.64）をベクトル表記すれば

$$\frac{\partial \boldsymbol{v}}{\partial t} + \nabla\left(\frac{1}{2}V^2 + \Omega + \frac{p}{\rho}\right) - \boldsymbol{v} \times \mathrm{rot}\,\boldsymbol{v} = \boldsymbol{0} \tag{7.67}$$

となり，定常流に対しては $\partial \boldsymbol{v}/\partial t = \boldsymbol{0}$ だから，式（7.68）のようになる。

$$\nabla\left(\frac{1}{2}V^2 + \Omega + \frac{p}{\rho}\right) = \boldsymbol{v} \times \mathrm{rot}\,\boldsymbol{v} \tag{7.68}$$

式（7.68）の右辺の項は，$\boldsymbol{v}$ と rot $\boldsymbol{v}$ の両ベクトルの外積であるからベクトル $\boldsymbol{v}$ に直交する。$\boldsymbol{v}$ は流線上での接線方向を向いているから，この右辺の外積ベクトルの流線 s に沿う成分はない。したがって

$$\frac{\partial}{\partial s}\left(\frac{1}{2}V^2 + \frac{p}{\rho} + \Omega\right) = 0 \tag{7.69}$$

となる。渦度が存在しても，非粘性流体の定常流では，式（7.69）を流線 s に沿って積分すると

$$\frac{1}{2}V^2 + \frac{p}{\rho} + \Omega = \mathrm{const.} \tag{7.70}$$

となる。鉛直上向きに z 座標をとると，外力として重力のみの場合には $\Omega = gz$（単位質量当りの重力 $Z = -\partial \Omega/\partial z = -g$ で負となり下向きとなる）であるから

$$\frac{V^2}{2g} + \frac{p}{\rho g} + z = \text{const.} \tag{7.71}$$

となる。式（7.71）をベルヌーイの定理という。

つぎに渦なし流れの場合は，同一流線上という条件がなくても式（7.71）が成り立つことを示す。

非粘性流体に対する三次元流れの運動方程式は

$$\left.\begin{aligned}\frac{Du}{Dt} &= \frac{\partial u}{\partial t} + u\frac{\partial u}{\partial x} + v\frac{\partial u}{\partial y} + w\frac{\partial u}{\partial z} = -\frac{1}{\rho}\frac{\partial p}{\partial x} + X \\ \frac{Dv}{Dt} &= \frac{\partial v}{\partial t} + u\frac{\partial v}{\partial x} + v\frac{\partial v}{\partial y} + w\frac{\partial v}{\partial z} = -\frac{1}{\rho}\frac{\partial p}{\partial y} + Y \\ \frac{Dw}{Dt} &= \frac{\partial w}{\partial t} + u\frac{\partial w}{\partial x} + v\frac{\partial w}{\partial y} + w\frac{\partial w}{\partial z} = -\frac{1}{\rho}\frac{\partial p}{\partial z} + Z\end{aligned}\right\} \tag{7.72}$$

である。

渦なし流れであれば速度ポテンシャル ϕ をもち

$$u = \frac{\partial \phi}{\partial x}, \quad v = \frac{\partial \phi}{\partial y}, \quad w = \frac{\partial \phi}{\partial z} \tag{7.73}$$

である。ただし，非定常流を考えているので，ϕ は x, y, z, t の関数である。

ここでも外力 X, Y, Z が式（7.74）のようなポテンシャル $\varOmega$ を使って表されるとする。

$$X = -\frac{\partial \varOmega}{\partial x}, \quad Y = -\frac{\partial \varOmega}{\partial y}, \quad Z = -\frac{\partial \varOmega}{\partial z} \tag{7.74}$$

となる。式（7.73），（7.74）を用いて式（7.72）を書き直し，x 方向成分に dx を，y 方向成分には dy を，x 方向成分には dz を掛けて足し合わせ整理すると

$$\left(\frac{\partial}{\partial x}\frac{\partial \phi}{\partial t}dx + \frac{\partial}{\partial y}\frac{\partial \phi}{\partial t}dy + \frac{\partial}{\partial z}\frac{\partial \phi}{\partial t}dz \right)$$

$$+ \frac{1}{2}\frac{\partial}{\partial x}\left\{\left(\frac{\partial \phi}{\partial x}\right)^2 + \left(\frac{\partial \phi}{\partial y}\right)^2 + \left(\frac{\partial \phi}{\partial z}\right)^2\right\}dx$$

$$+ \frac{1}{2}\frac{\partial}{\partial y}\left\{\left(\frac{\partial \phi}{\partial x}\right)^2 + \left(\frac{\partial \phi}{\partial y}\right)^2 + \left(\frac{\partial \phi}{\partial z}\right)^2\right\}dy$$

$$+ \frac{1}{2}\frac{\partial}{\partial z}\left\{\left(\frac{\partial \phi}{\partial x}\right)^2 + \left(\frac{\partial \phi}{\partial y}\right)^2 + \left(\frac{\partial \phi}{\partial z}\right)^2\right\}dz$$

$$= -\frac{1}{\rho}\left(\frac{\partial p}{\partial x}dx + \frac{\partial p}{\partial y}dy + \frac{\partial p}{\partial z}dz\right) - \left(\frac{\partial \Omega}{\partial x}dx + \frac{\partial \Omega}{\partial y}dy + \frac{\partial \Omega}{\partial z}dz\right) \quad (7.75)$$

となる。ここで

$$\left(\frac{\partial \phi}{\partial x}\frac{\partial^2 \phi}{\partial x^2} + \frac{\partial \phi}{\partial y}\frac{\partial^2 \phi}{\partial x \partial y} + \frac{\partial \phi}{\partial z}\frac{\partial^2 \phi}{\partial x \partial z}\right)dx$$
$$= \frac{1}{2}\frac{\partial}{\partial x}\left\{\left(\frac{\partial \phi}{\partial x}\right)^2 + \left(\frac{\partial \phi}{\partial y}\right)^2 + \left(\frac{\partial \phi}{\partial z}\right)^2\right\}dx \quad (7.76)$$

などの関係を用いている。

式 (7.75) は

$$d\left(\frac{\partial \phi}{\partial t}\right) + \frac{1}{2}d\left\{\left(\frac{\partial \phi}{\partial x}\right)^2 + \left(\frac{\partial \phi}{\partial y}\right)^2 + \left(\frac{\partial \phi}{\partial z}\right)^2\right\} = -\frac{1}{\rho}dp - d\Omega \quad (7.77)$$

となり，積分すると

$$\frac{\partial \phi}{\partial t} + \frac{1}{2}\left\{\left(\frac{\partial \phi}{\partial x}\right)^2 + \left(\frac{\partial \phi}{\partial y}\right)^2 + \left(\frac{\partial \phi}{\partial z}\right)^2\right\} + \int\frac{dp}{\rho} + \Omega = F(t) \quad (7.78)$$

を得る。$F(t)$ は積分定数で，時間の関数である。式 (7.78) は流れが渦なしであれば非定常であっても成り立つ。

式 (7.73) を式 (7.78) に代入し，また非圧縮性流体では ρ は一定であるから，式 (7.78) は式 (7.79) のようになる。

$$\frac{\partial \phi}{\partial t} + \frac{1}{2}(u^2 + v^2 + w^2) + \frac{p}{\rho} + \Omega = F(t) \quad (7.79)$$

$V^2 = u^2 + v^2 + w^2$ と表し，定常流の場合には時間 t には関係しないから

$$\frac{1}{2}V^2 + \frac{p}{\rho} + \Omega = \text{const.} \quad (7.80)$$

となる。

　鉛直上向きに z 座標をとると，外力として重力のみの場合には $\Omega = gz$ となる。したがって，式（7.80）は

$$\frac{1}{2}V^2 + \frac{p}{\rho} + gz = \text{const.} \tag{7.81}$$

あるいは

$$\frac{V^2}{2g} + \frac{p}{\rho g} + z = \text{const.} \tag{7.82}$$

となり，式（7.70），（7.71）と同じになる。

　以上から，非圧縮性流体の定常流において，渦なし流れであれば，流体中のいたるところで $(1/2)V^2 + p/\rho + gz$ は一定であることがわかる。

7.9.2　粘性によるエネルギー散逸（消散）

　ナビエ-ストークスの方程式（7.56），（7.57）を見ればわかるように，外力項や圧力項と同様に粘性項が流体の加速度に関係している。これらの力によって流体が加速されたり，減速されたりすることがわかる。また，粘性による応力が作用しつつ流体要素が変形するのであるから流体に対して仕事をしていることになる。この仕事（エネルギー）は，流体の運動エネルギーを変化させて流体を加速させたり，減速させたりする一方，流体の熱エネルギーとして貯えられたりする。流体に貯えられた熱エネルギーは，熱エネルギーの性質上，けっきょくは流体境界を通して外部へ失われることになる。

　オイラーの運動方程式を流線に沿って積分することにより，エネルギー方程式であるベルヌーイの定理式（7.71）が得られた。粘性流体に対するナビエ-ストークスの方程式からも同様のエネルギー関係式が得られる。

　流体が粘性の作用により単位質量・単位時間当りに熱として失われるエネルギーは

$$\Phi = \frac{2\mu}{\rho}\left(e_{ij}e_{ij} - \frac{1}{3}\Delta^2\right) \tag{7.83}$$

$$e_{ij} = \frac{1}{2}\left(\frac{\partial u_i}{\partial x_j} + \frac{\partial u_j}{\partial x_i}\right) \tag{7.84}$$

$$\varDelta = e_{ii} = \frac{\partial u_i}{\partial x_i} = \frac{\partial u}{\partial x} + \frac{\partial v}{\partial y} + \frac{\partial w}{\partial z} \tag{7.85}$$

となる。非圧縮性流体に対しては，連続の式（7.3）から $\varDelta = 0$ である。したがって，式（7.83）は

$$\varPhi = \frac{2\mu}{\rho}(e_{ij}e_{ij})$$

$$= \frac{\mu}{\rho}\Biggl\{2\left(\frac{\partial u}{\partial x}\right)^2 + 2\left(\frac{\partial v}{\partial y}\right)^2 + 2\left(\frac{\partial w}{\partial z}\right)^2 + \left(\frac{\partial w}{\partial y} + \frac{\partial v}{\partial z}\right)^2$$

$$+ \left(\frac{\partial u}{\partial z} + \frac{\partial w}{\partial x}\right)^2 + \left(\frac{\partial v}{\partial x} + \frac{\partial u}{\partial z}\right)^2\Biggr\} \tag{7.86}$$

となる。

非圧縮性粘性流体に対するナビエ-ストークスの方程式を，式（7.67）と同様にベクトル表記すれば

$$\frac{\partial \boldsymbol{v}}{\partial t} + \nabla\left(\frac{1}{2}V^2 + \varOmega + \frac{p}{\rho}\right) - \boldsymbol{v} \times \mathrm{rot}\,\boldsymbol{v} - \frac{\mu}{\rho}\nabla^2 \boldsymbol{v} = \boldsymbol{0} \tag{7.87}$$

となり，定常流の場合，同一流線 s 上では

$$\nabla\left(\frac{1}{2}V^2 + \varOmega + \frac{p}{\rho}\right) = \frac{\mu}{\rho}\nabla^2 \boldsymbol{v} \tag{7.88}$$

$$\frac{d(V^2/2 + \varOmega + p/\rho)}{ds} = \frac{\boldsymbol{v}}{|\boldsymbol{v}|}\cdot\nabla\left(\frac{1}{2}V^2 + \varOmega + \frac{p}{\rho}\right) = \frac{\mu}{\rho}\frac{\boldsymbol{v}}{|\boldsymbol{v}|}\cdot\nabla^2 \boldsymbol{v} \tag{7.89}$$

と表せる。

式（7.89）から，$(\mu/\rho)(\boldsymbol{v}/|\boldsymbol{v}|)\cdot\nabla^2\boldsymbol{v} < 0$ すなわち粘性力（$\mu\nabla^2\boldsymbol{v}$）のなす仕事が負の場合はベルヌーイ和 $H = (V^2/2 + \varOmega + p/\rho)$ は減少する。このときは流線に沿って運動する流体粒子に対して粘性力は減速させるように作用する場合で，流速ベクトル（$\boldsymbol{v}$）と粘性力（$\mu\nabla^2\boldsymbol{v}$）の内積が負ということは，流れ方向に対して粘性力が逆向きに作用していることを示す。逆に粘性力が流体粒子を加速させるように作用する場合はベルヌーイ和 H は増加する。

7.9 エネルギーの式

一例を示すと,無限遠で等流である流れの中に物体を置いた場合,H は上流の無限遠ではすべての流線上で一定である.物体近くの流速分布を物体面からの距離 y として,対数分布則が適用できると考えると,流体要素 $\Delta x \Delta y$ に作用する x 方向の力 F_x は式(7.54)から

コーヒーブレイク

PIV と PTV

Leonardo da Vinci(1452~1519)は,流れの中に置かれた物体の背後にできる渦のスケッチを描いて流れを観察している.Ludwig Prandtl(1875~1953)は翼周りと背後の流れを可視化実験している.上記2人の時代には考えられなかったような流れ解析を,最近ではコンピュータが可能にしている.コンピュータの画像処理速度の向上に伴い,大容量の流れの可視化画像データから以下のような流速測定法も開発されている.

粒子画像流速測定法(PIV:particle imaging velocimetry) 流れの中にトレーサを投入して流れを可視化し,連続的に撮影された2画像から相関値の高い検査領域を選び出し流速を測定する方法である.短い時間間隔で連続的に撮影された映像の中の検査領域と Δt 時間経過した画像の中から相関が最大である検査領域を選び出す.この小さい検査領域から相関値の高いつぎの時間の検査領域に進んだと考え,この移動距離 Δl を Δt 時間で割れば速度が求められる.この処理を画像内のすべての検査領域に対して行えば,撮影された範囲内の速度分布が瞬時に求まる〔図 (a)〕.

粒子追跡流速測定法(PTV:particle tracking velocimetry) 流れをトレーサで可視化して得られた画像の中の,着目したトレーサに対して時々刻々追跡していき流速を求める手法である〔図 (b)〕.

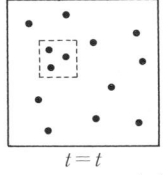

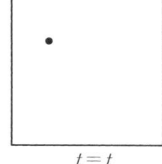

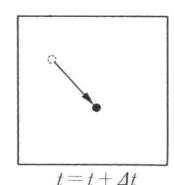

図 PIV と PTV

$$F_x = \left\{\left(-\frac{\partial p}{\partial x}\right) + \mu\left(\frac{\partial^2 u}{\partial x^2} + \frac{\partial^2 u}{\partial y^2}\right)\right\}\Delta x \Delta y$$

となる．いま，$\partial^2 u/\partial x^2 \ll \partial^2 u/\partial y^2$ と仮定して，この中の粘性力のみを考えると

$$\mu\left(\frac{\partial^2 u}{\partial x^2} + \frac{\partial^2 u}{\partial y^2}\right) = \mu\left(0 + \frac{\partial^2 u}{\partial y^2}\right) \propto -\frac{1}{y^2} < 0$$

であるから，式（7.89）の右辺が負となりベルヌーイ和 H は減少する．

非粘性流体の場合は式（7.89）の右辺が0となり，ベルヌーイ和 H は変化しないことがわかり，ベルヌーイの定理式（7.71）そのものになる．

7.9.3 エネルギー損失を考慮したベルヌーイの定理

エネルギー損失を考慮したベルヌーイの定理は，式（7.71）に損失水頭を加えて式（7.90）のように表す．同一流線上の2断面①，②の間で損失するエネルギーを水頭 h_l で表すと，式（7.90）のようになる．

$$\left(\frac{V^2}{2g} + \frac{p}{\rho g} + z\right)_① = \left(\frac{V^2}{2g} + \frac{p}{\rho g} + z + h_l\right)_② \qquad (7.90)$$

この損失水頭 h_l は経験的に導入されたものであるが，式（7.84）で表されるエネルギー散逸量のコントロールボリューム内での総和に相当する．壁面での摩擦による損失や，管水路での急拡損失などの形状損失も含まれる．

演 習 問 題

【1】 問図 *7.1* は貯水池からの流出状況を表した流線網である．図中 Aa，Bb，Cc，Dd，Ee，Ff，Gg は AB = BC = CD = DE = EF = FG となるように半円を6等分した流線群である．流れは定常で，エネルギー損失は考えないものとする．以下の質問に答えよ．
（1） $V_0 = 20\,\text{cm/s}$ であるとき，V_1，V_2 を求めよ．
（2） CD から C'D' に向かうときの流体粒子の加速度 a を求めよ．ただし，O 点からは十分離れていると考え，V_0，V_1 ともに O 点に向いていると考えよ．

演 習 問 題 175

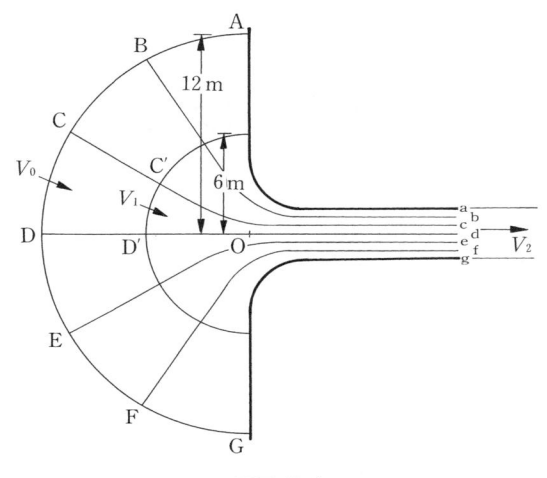

問図 7.1

【2】 循環 Γ が一定である円運動を**自由渦**（free vortex）という．自由渦の複素速度ポテンシャル w を求めよ．

【3】 **二重吹出し**（doublet）とは，吹出しと吸込みが同じ総流量 q で，特別な条件のもとで，たがいに限りなく接近するときに生じる流れである．二重吹出しの複素速度ポテンシャルを求めよ．特別な条件とは，吹出しと吸込みとの距離を 0 に近づけたとき，両者の距離と総流量の積が一定値であるという条件である．

【4】 一様流中に置かれた円柱周りの流れを表す複素速度ポテンシャルは，一様流の複素速度ポテンシャル式と二重吹出しの複素速度ポテンシャル式を重ね合わせて求められる．この複素速度ポテンシャルを求めよ．

引用・参考文献

水理学関係の文献は，優れたものが数多く出版されている。ここでは，特に本書の執筆にあたって参考としたもののみを以下に記して謝意を表したい。

1) 椿東一郎，荒木正夫：水理学演習 上巻，下巻，森北出版（1961，1962）
2) 岩佐義朗：水理学，朝倉書店（1967）
3) 細井正延，杉山錦雄：水理学，コロナ社（1971）
4) G.K. Batchelor 著，橋本英典 他訳：入門 流体力学，東京電機大学出版局（1972）
5) 椿東一郎：水理学Ⅰ，Ⅱ，森北出版（1973，1974）
6) 本間 仁，米元卓介，米屋秀三：水理学入門 改訂版，森北出版（1979）
7) 大西外明：水理学Ⅰ，Ⅱ，森北出版（1981）
8) 今本博健，板倉忠興，高木不折：水理学の基礎，技報堂出版（1982）
9) 日下部重幸：水理学の基礎，啓学出版（1983）
10) 松梨順三郎：水理学，朝倉書店（1985）
11) 井田 普 他：SI 版 水力学（基礎と演習），パワー社（1987）
12) 粟谷陽一，飯田邦彦，市川 勉：水工学演習，東海大学出版会（1990）
13) 岡本芳美：開水路の水理学解説，鹿島出版会（1991）
14) 日野幹雄：流体力学，朝倉書店（1992）
15) 土木学会編：水理公式集－昭和 60 年版－，土木学会（1995）
16) 中村克孝 他：SI 版 流体力学（基礎と演習），パワー社（1995）
17) 禰津家久：水理学・流体力学，朝倉書店（1995）
18) 林 泰造：基礎水理学，鹿島出版会（1996）
19) 浅枝 隆，有田正光，玉井信行，福井吉孝：水理学，オーム社（1997）
20) V. L. Streeter, E. B. Wylie, K. W. Bedford: Fluid Mechanics, McGrow Hill（1998）
21) 土木学会編：水理公式集－平成 11 年版－，土木学会（1999）
22) 土木学会編：土木技術者のための Excel 活用，森北出版（1999）
23) 土木学会編：水理実験指導書－平成 13 年版－，土木学会（2001）

演習問題解答

1章

【1】 $\rho = m/V = 2.056/0.002 = 1\,028\text{ kg/m}^3$

$\rho g = 1\,028 \times 9.8 = 10\,074.4\text{ N/m}^3 = 10.0744\text{ kN/m}^3$

$\gamma = \dfrac{10.074\text{ kN/m}^3}{9.8\text{kN/m}^3} = 1.028$

【2】 式(1.6)より

$h = \dfrac{4T\cos\theta}{\rho g D} = \dfrac{4 \times 0.073\,48 \times \cos 8°}{999.1 \times 9.8 \times 0.004} = 0.074\text{ m} = 7.4\text{ mm}$

【3】 表面張力 T による上向きの力は $2T\cos\theta$,上昇する水の重さは $\rho g a h$ である。これらがつりあうものとして

$2T\cos\theta = \rho g a h, \quad h = \dfrac{2T\cos\theta}{\rho g a}$

【4】 式(1.7)より,$\tau = W\sin\theta/A$, $dz = a$ とおけるので

$V = du = \dfrac{\tau dz}{\mu} = \dfrac{W\sin\theta\,a}{\mu A}$

【5】 流量 Q は(長さ)$^2 \times$(流速)と書くが,まずフルード数を合わせるので

$\dfrac{v_m}{\sqrt{gh_m}} = \dfrac{v_p}{\sqrt{gh_p}}$ より,$\dfrac{v_m}{v_p} = \sqrt{\dfrac{h_m}{h_p}} = \sqrt{\dfrac{1}{25}} = \dfrac{1}{5}$,

$\dfrac{Q_m}{Q_p} = \left(\dfrac{1}{25}\right)^2 \times \dfrac{1}{5} = 0.000\,32, \quad \therefore Q_m = 0.000\,32 Q_p \times 60 = 0.019\,2\text{ m}^3/\text{s}$

なお,記号は例題1.4に準ずる。

2章

【1】 $\gamma_1 \rho g = 0.88 \times 9.8 = 8.624\text{ kN/m}^3$

$\gamma_2 \rho g = 1.0 \times 9.8 = 9.8\text{ kN/m}^3$

$\gamma_3 \rho g = 1.15 \times 9.8 = 11.27\text{ kN/m}^3$

$p_A = 8.624 \times 2 = 17.25\text{ kN/m}^2$

$p_B = 17.25 + 9.8 \times 2 = 36.85\text{ kN/m}^2$

$p_C = 36.85 + 11.27 \times 2 = 59.39 \text{ kN/m}^2$

【2】 n-n 面の圧力を p_n とすると

$p_A = p_n + 0.9 \times 9.8 \times (0.8 + 0.2) + 1.0 \times 9.8 \times 1.2 = p_n + 20.58$

$p_B = p_n + 1.0 \times 9.8 \times 0.8 = p_n + 7.84$

∴ $p_A - p_B = 20.58 - 7.84 = 12.74 \text{ kN/m}^2$

【3】 式 (2.13), (2.14) において

$H_G = 3 + \dfrac{0.8}{2} = 3.4 \text{ m}, \quad A = \dfrac{\pi \times 0.8^2}{4} = 0.5027 \text{ m}^2,$

$I_G = \dfrac{\pi \times 0.8^4}{64} = 0.0201 \text{ m}^4$

であるから

$P = 9.8 \times 3.4 \times 0.5027 = 16.75 \text{ kN}$

$H_C = 3.4 + \dfrac{0.0201}{3.4 \times 0.5027} = 3.412 \text{ m}$

【4】 堰板が倒れるのは，全水圧の作用点がM点(ヒンジ)より上にきたときである。したがって，M点に全水圧が作用する場合の水深 H を求めればよい。奥行は 1 m 当りを考え，ML $= x$ として，式 (2.21) を用いる。

$y_G = \dfrac{(x+1.5)}{2}, \quad I_G = \dfrac{1 \times (x+1.5)^3}{12}, \quad A = 1 \times (x+1.5)$

$y_c = x = \dfrac{(x+1.5)}{2} + \dfrac{(x+1.5)^3/12}{\{(x+1.5)/2\} \times (x+1.5)} = \dfrac{2(x+1.5)}{3}$

$3x = 2(x+1.5), \quad x = 3 \text{ m}, \quad H = (3+1.5)\sin 45° = 3.182 \text{ m}$

別解として，静水圧が水深に比例して三角形分布をなすこと，三角形の図心が底面より高さの 1/3 にあることを用いると，$x = 2 \times 1.5 = 3 \text{ m}$ を容易に見いだせる。

【5】 浮心 C および重心 G の底面 B からの距離を $\overline{CB}$, $\overline{GB}$ とすると，$H = 1.529$ m，$\overline{CB} = 0.764$ m，$\overline{GB} = 0.609$ m となり重心 G が浮心 C より下にあり，つねに安定である。

【6】 水粒子は，重力の加速度 g と左下向きの加速度 a を受けるので，左向きに $a\cos\psi$，鉛直下向きに $g + a\sin\psi$ の加速度が作用することになる。式 (2.30) を参考に水平となす角 θ は $\tan\theta = a\cos\psi/(g + a\sin\psi)$ と表すことができ

$\theta = \tan^{-1}\left(\dfrac{a\cos\psi}{g + a\sin\psi}\right)$

となる。

3章

【1】連続の式 $Q = A_1 v_1 = A_2 v_2 = A_3 v_3$ に代入すると，流速は直径の2乗に反比例することがわかる。

$$\therefore \ v_1 : v_2 : v_3 = \frac{1}{10^2} : \frac{1}{20^2} : \frac{1}{30^2} = 9 : \frac{9}{4} : 1$$

【2】$\cos\theta = (0.75 - 0.5)/0.5 = 0.5$, $\theta = 60°$, $A = 0.632 \,\mathrm{m}^2$,
$v = Q/A = 2.374 \,\mathrm{m/s}$, $S = 2.094 \,\mathrm{m}$, $R = A/S = 0.302 \,\mathrm{m}$

【3】$v = Q/A = 1 \,\mathrm{m/s}$, $E = 1^2/(2g) + 2 = 2.05 \,\mathrm{m}$

【4】同じ液体でつながった同じ高さの圧力は等しいことより

$$p_1 + \rho g h_1 = p_2 + \rho g (h_1 - 10) + 13.6 \times \rho g \times 10, \quad \frac{p_1 - p_2}{\rho g} = 126 \,\mathrm{cm}$$

流量係数とともに式(3.13)に代入して
$Q = 0.90 \times 81.12 \times \sqrt{2 \times 980 \times 126} = 36.3 \,l/\mathrm{s}$

【5】$A_1 = 0.283 \,\mathrm{m}^2$, $A_2 = 0.071 \,\mathrm{m}^2$。連続の式より $v_1 = 1.06 \,\mathrm{m/s}$, $v_2 = 4.24 \,\mathrm{m/s}$。水平なので位置水頭を無視して，ベルヌーイの式に代入する。

$$\frac{1.06^2}{2 \times 9.8} + \frac{200 \times 10^3}{1\,000 \times 9.8} = \frac{4.24^2}{2 \times 9.8} + \frac{p_2}{1\,000 \times 9.8}$$

$p_2 = 191.6 \,\mathrm{kPa}$

運動量方程式より
$(p_1 A_1 - p_2 A_2 \cos 30°) - F_x = \rho Q (v_2 \cos 30° - v_1)$
$F_x = 44.0 \,\mathrm{kN}$, $(0 - p_2 A_2 \sin 30°) + F_y = \rho Q (v_2 \sin 30° - 0)$
$F_y = 7.44 \,\mathrm{kN}$

合力 F は
$F = \sqrt{F_x^2 + F_y^2} = 44.6 \,\mathrm{kN}$

力の働く角度は
$\tan\theta = \dfrac{7.44}{44.0} = 0.169$, $\theta = 9.6°$

【6】平板を当てた状態では静水圧の式で，平板を離した状態では運動量方程式で求める。

$$F_{x1} = \rho g h_G A = \frac{1\,000 \times 9.8 \times 2 \times \pi \times 0.05^2}{4} = 38.5 \,\mathrm{N}$$

$$F_{x2} = \rho A v^2 = \frac{1\,000 \times \pi \times 0.05^2}{4} \times 2 \times 9.8 \times 2 = 77.0 \,\mathrm{N}$$

4章

【1】（1） $Q = Ca\sqrt{2gH} = 0.6 \times \dfrac{\pi \times (0.075)^2}{4} \times \sqrt{2 \times 9.80 \times H}$

$= 3.5 \times 10^{-3}$ m³/s

$H = 0.089$ m

（2） $Q = Ca\sqrt{2gH} = 0.6 \times \dfrac{\pi \times (0.075)^2}{4} \times \sqrt{2 \times 9.80 \times H}$

$= 1.5 \times 10^{-3}$ m³/s

$H = 0.016$ m

（3） $Q = Ca\sqrt{2gH} = 0.6 \times \dfrac{\pi \times (0.075)^2}{4} \times \sqrt{2 \times 9.80 \times H}$

$= 12.5 \times 10^{-3}$ m³/s

$H = 1.135$ m

【2】長方形小形オリフィスで考えると，式(4.5)より

（1） $Q = 0.6 \times 0.45 \times 0.15 \times \sqrt{2 \times 9.80 \times \left(1.5 + \dfrac{0.15}{2}\right)} = 0.225$ m³/s

（2） $Q = 0.6 \times 0.45 \times 0.15 \times \sqrt{2 \times 9.80 \times \left(6.7 + \dfrac{0.15}{2}\right)} = 0.467$ m³/s

（3） $Q = 0.6 \times 0.45 \times 0.15 \times \sqrt{2 \times 9.80 \times \left(12.8 + \dfrac{0.15}{2}\right)} = 0.643$ m³/s

長方形大形オリフィスで考える。式(4.8)より

$Q = \dfrac{2}{3} cb \sqrt{2g}\,(H_2^{3/2} - H_1^{3/2})$

$= \dfrac{2}{3} \times 0.6 \times 0.45 \times \sqrt{2 \times 9.80} \times \{(H + 0.15)^{3/2} - H^{3/2}\}$

$= 0.796\,89 \times \{(H + 0.15)^{3/2} - H^{3/2}\}$

（1） $Q = 0.796\,89 \times \{(1.5 + 0.15)^{3/2} - 1.5^{3/2}\} = 0.225$ m³/s

（2） $Q = 0.796\,89 \times \{(6.7 + 0.15)^{3/2} - 6.7^{3/2}\} = 0.467$ m³/s

（3） $Q = 0.796\,89 \times \{(12.8 + 0.15)^{3/2} - 12.8^{3/2}\} = 0.643$ m³/s

この場合は，小形オリフィスで考えてよいことがわかる。

【3】 $Q = Ca\sqrt{2gH} = 0.6 \times \dfrac{\pi \times (0.3)^2}{4} \times \sqrt{2 \times 9.80 \times H} = 0.3$ m³/s より

$H = 2.55$ m

【4】（1） $Q = Ca\sqrt{2gH} = Ca\sqrt{2g(z_1 - z_2)}$

$= 0.63 \times \dfrac{\pi \times 0.05^2}{4} \times \sqrt{2 \times 9.80 \times (3.4 - 1.5)}$

$$= 7.55 \times 10^{-3} \text{ m}^3/\text{s}$$

（2） $Q = Ca\sqrt{2gH} = Ca\sqrt{2g(z_1 - z_2)}$

$$= 0.63 \times \frac{\pi \times 0.05^2}{4} \times \sqrt{2 \times 9.80 \times (10.8 - 0.5)}$$

$$= 0.0176 \text{ m}^3/\text{s}$$

【5】マニングの粗度係数など

【6】 $Q = \dfrac{2}{15} C(5b_1 + 4b_2)\sqrt{2g}\ H^{3/2}$

$$= \frac{2}{15} \times 0.6 \times (5 \times 0.3 + 4 \times 0.05) \times \sqrt{2 \times 9.80} \times (0.2)^{3/2}$$

$$= 0.0539 \text{ m}^3/\text{s}$$

5章

【1】式 (5.7) を用いる。

$p_1 - p_2 = \rho g H = 998.2 \times 9.8 \times 0.3 = 2934.7 \text{ N/m}^2$

$\mu = \dfrac{\pi(p_1 - p_2)r_0^4}{8lQ} = \dfrac{\pi \rho g H r_0^4}{8lQ} = \dfrac{\pi \times 2934.7 \times 0.001^4}{8 \times 0.25 \times 4.6 \times 10^{-6}}$

$$= 1.002 \times 10^{-3} \text{ kg/(m·s)}$$

【2】円形管の径深,流速,流量を R_c, v_c, Q_c, 正方形管のそれを R_s, v_s, Q_s とする。

$$Q_c = Av_c = A\frac{1}{n}R_c^{2/3} I^{1/2}, \quad Q_s = Av_s = A\frac{1}{n}R_s^{2/3} I^{1/2}$$

であるから

$$\frac{Q_c}{Q_s} = \left(\frac{R_c}{R_s}\right)^{2/3}$$

したがって，Q_c と Q_s の比は，R_c と R_s の 2/3 乗の比を求めればよい。
円形管では，$R_c = D/4$, $A = \pi D^2/4$ であるから

$$R_c = \frac{D}{4} = \frac{1}{4}\sqrt{\frac{4A}{\pi}} = \frac{1}{2}\sqrt{\frac{A}{\pi}}$$

正方形の一辺を a とすると

$$R_s = \frac{A}{4a} = \frac{A}{4\sqrt{A}} = \frac{\sqrt{A}}{4}, \quad \frac{Q_c}{Q_s} = \left(\frac{R_c}{R_s}\right)^{2/3} = \left(\frac{2}{\sqrt{\pi}}\right)^{2/3} = 1.084$$

【3】マニングの式 (5.38) より

$$\frac{4Q}{\pi D^2} = \frac{1}{n}\left(\frac{D}{4}\right)^{2/3} I^{1/2}$$

D について整理して

$$D = \left(\frac{4^{5/3}Qn}{\pi I^{1/2}}\right)^{3/8} = 0.174 \text{ m}$$

ヘーゼン-ウィリアムスの式も同様に，式 (5.40) を変形して

$$D = \left(\frac{4Q}{0.35464\pi C_H I^{0.54}}\right)^{1/2.63} = 0.158 \text{ m}$$

【4】 各種の損失係数は，$f_e = 0.5$, $f_{b1} = 0.08$, $f_{b2} = 1.0$, $f_0 = 1.0$, また，式 (5.39) より $n = 0.011$ に対して，$f = 0.0409$，平均流速と速度水頭は

$$v = \frac{4Q}{\pi D^2} = \frac{4 \times 0.006}{\pi \times 0.05^2} = 3.056 \text{ m/s}, \quad \frac{v^2}{2g} = 0.476 \text{ m}$$

であるから，式 (5.51) を参考に

$$H = \left(f\frac{l}{D} + f_e + 2f_{b1}f_{b2} + f_0\right)\frac{v^2}{2g} = 3.905 \text{ m}$$

【5】 式 (5.39) より $f = 124.5\, n^2/D^{1/3} = 0.0268$。図 **5.18** の h および H は，**問 図 5.2** を参照して，$h = 3.5 - x$, $H = 7.5 + x$。したがって式 (5.59) の $h_{\max}$ を h として

$$3.5 - x = 8 - \frac{1 + f_e + f_b + fl_1/D}{1 + f_e + f_b + f(l_1 + l_2)/D} \times (7.5 + x)$$

これより x を求め，$x = 1.36$ m が得られる。

【6】 式 (5.61) の k を，各管について計算すると，$k_1 = 53.5$, $k_2 = 21.4$, $k_3 = 13.8$ となる。これらを式 (5.64) に代入して解くと，合流となり，$Q_1 = 0.318 \text{ m}^3/\text{s}$, $Q_2 = 0.258 \text{ m}^3/\text{s}$, $Q_3 = 0.576 \text{ m}^3/\text{s}$ が得られる。

【7】 **例題 5.7** のように，管網の繰返し計算を必要とする。流れの向きを添字の前から後へとして，$Q_{AB} = 0.4011 \text{ m}^3/\text{s}$, $Q_{BC} = 0.1011 \text{ m}^3/\text{s}$, $Q_{AC} = 0.2311 \text{ m}^3/\text{s}$, $Q_{DC} = 0.3678 \text{ m}^3/\text{s}$, $Q_{DA} = 0.0322 \text{ m}^3/\text{s}$ となる。

【8】 式 (5.39) より，$f = 0.0179$，平均流速および速度水頭は $v = 6.366 \text{ m/s}$, $v^2/(2g) = 2.068 \text{ m}$，式 (5.70) より有効落差を求める。

$$\sum h_n = (f_e + 3f_b + f_0)\frac{v^2}{2g} = (0.5 + 3 \times 0.2 + 1.0) \times 2.068 = 4.343 \text{ m}$$

$$\sum hl = f\frac{l}{D}\frac{v^2}{2g} = 0.0179 \times \frac{200}{1} \times 2.068 = 7.403 \text{ m}$$

$$H_e = 80 - (4.343 + 7.403) = 68.254 \text{ m}$$

したがって，発電所の出力は式 (5.72) より

$$P = 9.8 \times 0.8 \times 5 \times 68.254 = 2676 \text{ kW}$$

が得られる。

6章

【1】 平均流速：$v = \dfrac{1}{h}\int_0^h u\,dz$ より求まる。

層　　流：$\dfrac{v}{u_*} = \dfrac{u_* h}{3\nu}$

滑面乱流：$\dfrac{v}{u_*} = 3.0 + 5.75\log_{10}\dfrac{u_* h}{\nu}$

粗面乱流：$\dfrac{v}{u_*} = 6.0 + 5.75\log_{10}\dfrac{h}{k}$

【2】 式 (6.16) より求められる関係式 $h_1/h_2 = (1/2)(-1+\sqrt{1+8F_{r2}^2})$ および式 (6.18) より $h_1 = 0.484\,\text{m}$, $\varDelta E = 0.284\,\text{m}$ が求められる。

【3】 マニングの式を適用すると

$$30 = \dfrac{1}{0.015}\times(1.5+2h)h\,\dfrac{(1.5+2h)^{2/3}h^{2/3}}{(1.5+2\sqrt{5}\,h)^{2/3}}\times\sqrt{\dfrac{1}{500}}$$

さらに整理すると

$$h = 3.996\times\dfrac{(1.5+2\sqrt{5}\,h)^{2/5}}{(1.5+2h)}$$

両辺に h が含まれているので，最初適当に h を仮定し逐次計算で近似値を求める。$h = 1.90\,\text{m}$ となる。

【4】 潤辺 S を水深 h によって表示すると，$S = A/h - mh + 2\sqrt{1+m^2}\,h$。$dS/dm = 0$ の条件を求めると，$m = 1/\sqrt{3}$ を得る。すなわち $\theta = 60°$ となり，水理学的に有利な台形断面水路は，正六角形の下半分を用いた形状になる。

【5】 最初に，断面①と②において条件を式 (6.36) に代入してまず右辺を求める。つぎに，h_2 を仮定して左辺を求める。左右両辺が等しくなるまで h_2 を仮定し直して計算を繰り返す。順次，つぎの断面を計算する。$h_2 = 3.18\,\text{m}$，$h_3 = 2.68\,\text{m}$，$h_4 = 2.12\,\text{m}$。

7章

【1】 （1） $V_1 = 40\,\text{cm/s}$, $V_2 = 251\,\text{cm/s}$
　　　（2） $a = 1\,\text{cm/s}^2$

【2】 $w = \dfrac{\varGamma}{2\pi}(\theta - i\ln r) = -\dfrac{i\varGamma}{2\pi}(\ln r + i\theta) = -\dfrac{i\varGamma}{2\pi}\ln z$ ……………①

【3】 解図 7.1 のように吹出しと吸込みが $\varDelta x$ 離れて存在するとき，任意の点 A に

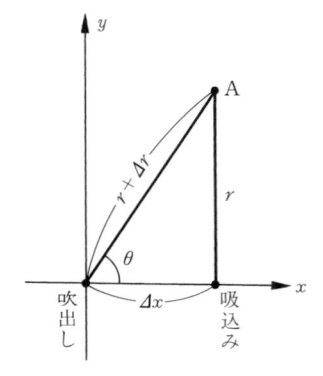

における速度ポテンシャル ϕ は式

$$\phi = \frac{Ua^2\cos\theta}{r} \quad \cdots\cdots\cdots\cdots\cdots\cdots\cdots\cdots\cdots\cdots\cdots\cdots\cdots\cdots ①$$

と求められる。ここに，下記の問題【4】で応用できるように，U は一様流れの流速である。流れ関数は

$$\psi = -\frac{Ua^2\sin\theta}{r} \quad \cdots\cdots\cdots\cdots\cdots\cdots\cdots\cdots\cdots\cdots\cdots\cdots ②$$

と求められる。したがって複素速度ポテンシャル w は

$$w = \frac{Ua^2}{r}(\cos\theta - i\sin\theta) = \frac{Ua^2 e^{-i\theta}}{r} = \frac{Ua^2}{z} \quad \cdots\cdots\cdots ③$$

となる。

【4】 x 軸に平行な速度 U の一様流れの複素速度ポテンシャルは

$$\phi = Uz = U(r\cos\theta + i\sin\theta) = Ure^{i\theta} \quad \cdots\cdots\cdots\cdots\cdots ①$$

である。問題【3】の式 ① から二重吹出しの複素速度ポテンシャルは

$$w = \frac{Ua^2}{z} = \frac{Ua^2}{r}(\cos\theta - i\sin\theta) \quad \cdots\cdots\cdots\cdots\cdots\cdots ②$$

である。両者を足し合わせることにより，一様流中に置かれた半径 r の円柱周りの流れを表す複素速度ポテンシャルが求められ

$$w = U\left(z + \frac{a^2}{z}\right) \quad \cdots\cdots\cdots\cdots\cdots\cdots\cdots\cdots\cdots\cdots\cdots\cdots ③$$

となる。

索　　引

【あ】

圧縮性流体	37
圧力水頭	44
洗　堰	73
アルキメデスの原理	27

【い】

| 位置水頭 | 44 |
| 一様断面水路 | 129 |

【う】

渦　度	150
渦なし流れ	150
運動量	51
運動量方程式	55

【え】

液　体	37
エネルギー線	97
エネルギー補正係数	86
円形オリフィス	64

【お】

オイラー	
――の運動方程式	145
――の方法	143
大形オリフィス	62
オリフィス	60

【か】

開水路	37
渦動粘性係数	82
カルマン定数	82
ガンギレー‐クッターの公式	90
緩勾配水路	132
管水路	37
完全ナップ	70
完全潜りオリフィス	66
完全流体	37
管　網	106
管　路	37

【き】

気　体	37
基本単位	1
急　拡	94
急拡損失係数	94
急勾配水路	132
急　縮	94
急縮損失係数	94
共役水深	122
共役複素速度	157

【く】

偶　力	28
屈　折	96
屈折損失係数	96
組立単位	1
クライツ‐セドンの法則	138

【け】

形状損失	92
傾　心	28
径　深	38
傾心高	28
ゲージ圧	13
限界水深	117
限界流速	117
検査面	52
検査領域	52

【こ】

交代水深	117
広頂堰	73
コーシー‐リーマンの関係式	156
小形オリフィス	60
国際単位系	1
混合距離	82
コントロールボリューム	52

【さ】

| サイフォン | 101 |
| 三角堰 | 72 |

【し】

シェジーの公式	90, 125
四角堰	71
次　元	1
実揚程	110
質　量	2
支配断面	121, 132
射　流	39
射流水深	117
収縮係数	61
自由流出	69
重　量	2
出　力	111
循　環	151
潤　辺	38

常流	39	
常流水深	117	

【す】

水圧	12
吸込み	159
水車	109
水頭	14
水門	69
水理水深	119
水理特性曲線	128
ストークスの定理	152
スルースゲート	70

【せ】

静水圧	12
堰	70
接近流速	62
接近流速水頭	63
絶対圧	13
漸拡	94
漸縮	95
全水圧	12
全幅堰	72
全揚程	110

【そ】

総圧	48
相似則	8
相対粗度	87
総落差	110
層流	39
速度欠損則	83
速度水頭	44
速度ポテンシャル	154

【た】

対数法則	83
ダルシー–ワイズバッハの式	87
単位	1

単位重量	2
単位体積重量	2

【ち】

跳水	122
長方形大形オリフィス	63
直角三角形オリフィス	65
直角三角堰公式	73

【て】

定常流	38
定流	38

【と】

等角写像	157
動水圧	47
動水勾配線	97
動粘性係数	7
等流	39
トリチェリの定理	46, 61

【な】

流れ関数	155
ナップ	70
ナビエ–ストークスの方程式	164

【に】

ニクラーゼの実験結果	83
ニュートン	
——の運動の第二法則	2
——の粘性法則	7

【ね】

粘性	6
粘性係数	7
粘性底層	84
粘性流体	37

【は】

ハーゲン–ポアズイユの式	81

ハーディー–クロスの試算法	106
刃形堰	70
パスカルの原理	17

【ひ】

非圧縮性流体	37
ピエゾメーター	16
比エネルギー	116
非回転流れ	150
比重	3
非定常流	39
ピトー管	47
非粘性流体	37
標準逐次計算法	134
表面張力	4

【ふ】

不完全潜りオリフィス	66
吹出し	159
浮心	27
付着ナップ	70
付着力	5
不定流	39
不等流	39
浮力	27
フルード数	8, 39
フローネット	157

【へ】

閉回路	106
ヘーゼン–ウィリアムスの公式	91
ベスの定理	118
ベナコントラクタ	61
ベランジェの定理	74, 118
ベルヌーイの定理	43
弁	96
ベンチュリフルーム	75
弁類損失係数	96

索　　引

【ほ】

ポンプ　109

【ま】

曲がり　95
　　——による損失係数　95
摩擦速度　80
摩擦損失係数　87
マニング
　　——の公式　91, 125
　　——の式　91
マニング式　91
マノメーター　16

【み】

密度　2

【む】

ムーディ線図　87
無次元量　1

【も】

毛管現象　5
潜りオリフィス　65
潜り堰　74
潜り流出　69

【ゆ】

有効落差　110

【よ】

よどみ点　48

【ら】

ラグランジュの方法　142
ラプラスの式　154
乱流　39

【り】

力積　51
理想流体　37
流管　41
流出　97
流出損失係数　97
流積　38
流跡線　41
流線　40
流速　38
流速係数　48, 61
流体　37
流入　93
流入損失係数　93
流量　38
流量係数　61

【れ】

レイノルズ応力　82, 166
レイノルズ数　8, 40
レイノルズの方程式　166
レーボック　70
連続の式　42, 142

Henry の実験　70
SI　1

―― 著者略歴 ――

日下部　重幸（くさかべ　しげゆき）
1964年　京都大学工業教員養成所土木工学科卒業
　　　　神戸市立工業高等専門学校助手
1967年　神戸市立工業高等専門学校講師
1973年　コロラド州立大学（米国）客員研究員
1974年　神戸市立工業高等専門学校助教授
1988年　神戸市立工業高等専門学校教授
1997年　博士（工学）（鳥取大学）
2006年　神戸市立工業高等専門学校名誉教授

湯城　豊勝（ゆうき　とよかつ）
1972年　阿南工業高等専門学校土木工学科卒業
　　　　阿南工業高等専門学校助手
1980年　長岡技術科学大学工学部建設工学課程
　　　　卒業
1982年　長岡技術科学大学大学院修士課程修了
　　　　（建設工学専攻）
　　　　阿南工業高等専門学校助手
1985年　阿南工業高等専門学校講師
1989年　阿南工業高等専門学校助教授
2003年　博士（工学）（徳島大学）
　　　　阿南工業高等専門学校教授
2015年　阿南工業高等専門学校名誉教授

檀　和秀（だん　かずひで）
1976年　神戸大学工学部土木工学科卒業
1978年　神戸大学大学院修士課程修了
　　　　（土木工学専攻）
　　　　株式会社森長組勤務
1984年　明石工業高等専門学校助手
1985年　明石工業高等専門学校講師
1991年　明石工業高等専門学校助教授
1993年　博士（工学）（神戸大学）
2002年　明石工業高等専門学校教授
2017年　明石工業高等専門学校名誉教授

水　理　学
Hydraulics

　　　　　　　　　　　　　　　　　　　　　　Ⓒ　Kusakabe, Dan, Yuuki　2002

2002 年 4 月 26 日　初版第 1 刷発行
2021 年 12 月 15 日　初版第18刷発行

　　　　　　　　　著　者　　日　下　部　　重　　幸
　　検印省略　　　　　　　　檀　　　　　　和　　秀
　　　　　　　　　　　　　　湯　　城　　豊　　勝
　　　　　　　　発行者　　株式会社　コロナ社
　　　　　　　　　　　　　　代表者　　牛来真也
　　　　　　　　印刷所　　富士美術印刷株式会社
　　　　　　　　製本所　　有限会社　愛千製本所

112-0011　東京都文京区千石 4-46-10
発行所　株式会社　コロナ社
CORONA PUBLISHING CO., LTD.
Tokyo Japan
振替 00140-8-14844・電話 (03) 3941-3131 (代)
ホームページ　https://www.coronasha.co.jp

ISBN 978-4-339-05507-8　C3351　Printed in Japan　　　　　　　　　　（大井）

〈出版者著作権管理機構　委託出版物〉
本書の無断複製は著作権法上での例外を除き禁じられています。複製される場合は，そのつど事前に，出版者著作権管理機構（電話 03-5244-5088，FAX 03-5244-5089，e-mail: info@jcopy.or.jp）の許諾を得てください。

本書のコピー，スキャン，デジタル化等の無断複製・転載は著作権法上での例外を除き禁じられています。購入者以外の第三者による本書の電子データ化及び電子書籍化は，いかなる場合も認めていません。
落丁・乱丁はお取替えいたします。